下町ボブスレー

東京・大田区、町工場の挑戦

細貝淳一
下町ボブスレーネットワークプロジェクト推進委員長

朝日新聞出版

山のような筋肉の選手が「ン、関係者カナ？」という表情で振り向いた。選手との面識はない。

そもそも私は東京・大田区の町工場の社長で、呼びかけだって日本語だ。しかし、満面の笑みで声をかけられれば、人は振り向いてしまうものなのだろう。私が手に持ったカステラを渡す。

「これ、カステラ！　グッド、グッド！」

すごく適当な、日本語と英語が混ざった言葉も気合で通じた。その選手は、滑り終えた満足感もあったのか上機嫌で、私のカステラを手に取り、食べてくれた。


いまだ‼


私は満面の笑みで、「フォト！　フォト！」と言った。

すると、選手は「いいよ！」とでも言いたげに素敵な微笑みを返してくれた。私が身振り手振りで、いま、滑ってきたばかりのボブスレーの横に立つように頼むと、これも通じたものか、彼はカメラのほうを見る。

「何枚かいくよぉ!!」と、私が上機嫌な表情でシャッターを切る。選手に「もうちょっとこっちこっち！」と細かい指示を出す。撮影はなかなか終わらない。

私の手が滑り、たまに選手ではなく、彼らが乗ってきた、最新型のボブスレーの方にピントが合ってしまう。カシャカシャカシャ……笑顔で選手に「もう少しこっち」とお願いをする。私が角度を変えると、マシンのシャーシ、ハンドルなどにもしっかりとピントが合ってしまった。

ほうほう、こうなっているのか、たまたま、勉強になってしまった――。

実を言うと、私はこの〝記念写真〟を撮りたいと思い、外国の選手とコミュニケーションを取るため、日本出国前にわざわざ文明堂のカステラを買っていた。外国人選手にすれば、初対面の人間から渡された食べ物など怪しくて食べたくないかもしれないと思い、わざわざ切れ目が入ったカステラを選び、一部は選手の前で自分が食べて見せもした。

なぜかと言えば、私は必死だったからだ。

日本と言えば「モノづくりの国」であると思われて久しい。ところが、その製造業が危機に瀕している。そして、フェラーリやBMWなどといった超一流メーカーがマシンを手掛けるボブスレーの世界でも、日本は世界の強豪国に追いつけないでいた。そんな中、ひょ

ソチオリンピックでボブスレー競技が開催される会場に並ぶ各国のボブスレー（提供：下町ボブスレープロジェクト）

んなきっかけから、東京・大田区の町工場の人間が、フェラーリやＢＭＷなど世界の超一流と戦うことになってしまったのだ。

泥臭く行こうぜ、資金はなくても、頭は使い放題だ――。私は「これも日本のスポーツの未来のためだ」と自分に言い聞かせ、シャッターを切り続けた。

下町ボブスレー
——東京・大田区、町工場の挑戦

目次

第3章 総力をあげて高品質・短納期を実現！

第4章 選手が乗りやすいソリへと改造せよ！

第5章

オリンピックでの日本選手の活躍を後押ししたい！

第6章

下町ボブスレー2号機・3号機をつくれ！

編集協力◉夏目幸明（経済ジャーナリスト）
ブックデザイン◉遠藤陽一（デザインワークショップジン）

第1章

プロジェクトは
たった2枚の資料から始まった

大田区の町工場で、ボブスレーをつくろう！

面倒な話ほど、私はYESから入る。「あー、これどう断ろうかな？」などと否定から入ることはまずない。

面倒な話は、たいてい新しい話でもある。それは多くの場合、自分自身が想像もしなかったことを巻き起こしてくれるだろうからだ。

そんな私でも、町工場の仲間からの紹介で、大田区産業振興協会の小杉聡史さんから連絡をもらったときは「それいったい何の話？」といぶかしく思った。そのとき、私はちょうど、社業であるアルミの削り出しの受注に出かける予定があったから、彼に「いまから出向いて話してもいいでしょうか？」と言われ「すぐ来てくれるなら30分くらいいいよ」とお答えした。

この時点では、その後、盟友になる小杉クンのことを詳しく知っていたわけではない。私は電話を切ったあと、「小林さんって誰だっけ？」と思った。その後、小杉クンが訪ねてきたのを見ても誤解していて、「あ、小林さん」と言ったら、彼に「小林じゃありません、小杉です」と言われたくらいだった。ちなみに彼は、当時の話をすると、いまも「小林じゃありませんから」と言う。そろそろ許してほしいものだ。

その小林さん改め小杉クンが、A4の紙を2枚持って話をしてくれた。その紙は、まさかこれほどの大事になると思わなかったから、もう捨ててしまったはずだ。

この紙も、話の内容も、ざっくりしていた。

大田区の町工場で、ボブスレーをつくろうと言うのだ。

「何のために?」と思ったが、彼の話を聞いた。

まず、小説『下町ロケット』などでご存じの方もいらっしゃるかもしれないが、われわれ、大田区の町工場は、非常に優れた技術を持っている。これを世界中にアピールしたいらしい。そもそも、いい技術を持っているのに、その存在がイマイチ知られていないのは大田区の弱点だ。だから、大田区の行政機関のひとつである大田区産業振興協会と大田区の町工場がタッグを組んで、大いに世間の注目を集め、広告塔になるような事業をやってみたい。

その事業こそが、ボブスレーづくりだという。

ボブスレーであることにも事情があった。エンジンを積んではいないから、大田区の町工場が真剣に取り組めばできるのではないか、という。

確かにそうだ。われわれ町工場のほとんどは〝部品をつくる機械の部品〟といった最終製品とはかけ離れたものをつくっている。だから、「エンジンをつくれ」とは言われない。たぶん、がんばればつくれるだろうけど、つくる意味はない。なぜなら、そういった複雑なものは、日本の名だたる自動車メーカーのような、人・物・金がある企業がつくったほうが無理がない。

だが、ボブスレーはソリだから、スケートの刃のような部分――「ランナー」と呼ばれる氷と接触する部品――などをすばらしい精度でつくればよい。それなら、できる。いや、むしろ超高精度の一点ものは、大量生産でなく、技術の高さをウリにしているわれわれ町工場がもっとも得意とする仕事だ。

しかも、海外ではフェラーリやＢＭＷといった超一流メーカーがボブスレーをつくっているが、日本では大企業が絡んでいない。だからこそ、世界的メーカーに、日本の、しかも大田区の町工場が挑むという構図ができるという。

これは話題として面白いから、盛り上がるのではないか……。

私は、なるほどと思った。そこで、小杉クンに尋ねた。

「ボブスレーって、つくるのにだいたいいくらかかるの？」

しかし、小杉クンはわからないという。当然、その時点では私にもわからない。

「入賞の可能性は？」

小杉クンは「そこをボブスレーをつくって支援を……」という。

では、ボブスレーの性能を向上させるために、まず何から手を付ければいいのか。そもそも、ボブスレーをつくるためのレギュレーション（レースに出場する際に守らなくてはならない規則）はどうなっているのか。やっぱり、彼も私もわかっていない。

ただし、ざっくりした相談にすぎなかったが、私は「この話、面白いな」と思った。実は私も、オリンピックの選手のためにアーチェリーをつくろうと思ったことがあったのだ。その計画も、大田区の産業を盛り上げるためのものだった。

ボブスレーで伝えたい町工場の実力

いま、大田区には約４０００もの工場があり、一部の人には「モノづくりの街」として知られている。

残念ながら、あまり有名でないのは、「モノづくり」といっても、自動車、メガネ、洗濯機などをつくり、顧客に販売しているわけではないからだ。大田区は東京のはずれとはいえ土地代は高いので、町工場の多くは、狭く、生産能力が低い。だから、自動車やメガネや洗濯機などをつくるメーカーに、大量生産が必要な部品をおさめることはまれだ。よくあるパターンとしては、製造機器を形づくる部品や性能テストするための金属の試験片などをつくっていたりする。これなら、大量生産の必要はない。

たとえば、下町ボブスレーでわが盟友となった「関鉄工所」の関英一さんのところでは、樹脂製の容器をつくる部品をつくっていた。金属を磨き上げ、金属と金属の間に100分の1ミリ、1000分の1ミリといったごくわずかな隙間をつくるのだという。このスキマから樹脂が押し出され、ペットボトルになる。その金型など、出荷数が少ない「一点もの」の生産設備をつくるのが大田区の町工場。ペットボトルは何万個、何百万個も必要なはずだが、生産設備の部品は、生産ラインの数だけあれば事足りるし、一度つくれば何年も摩耗しない。だから、これら部品は大メーカーが郊外の大規模な工場で大量生産するより、「町工場」の職人たちが削り、磨き、メッキし、まるで芸術品のような、精度が高い一品をつくる。

そして、大田区にはたまたま、そんな工場が集まっている。それぞれ「ウチはアルミ」「ウチは鉄」と得意の金属があったり、「ウチは長い尺のアルミを加工できる」とか「注文をいただいたら1日でつくるよ」などなど各社に得意分野があったりする。そんな町工場それぞれが、大企業や、大企業の下請け、孫請け企業と取引をして生計を立てている。

その技術の多彩さ、スピードの速さは「大田区に空から図面を投げ込むと、どんなものでも翌日には見事な製品になって出てくる」と言われるほどだ。

ではなぜ、大田区は世界でも特異な「モノづくりの達人が集まった街」になったのか。大田区のホームページによると、元はと言えば、関東大震災後、都心にあった工場が郊外へ場所を移したことが発端だったと言われている。その後、戦前は軍需品、戦後はリヤカーや洗面器などをつくって栄え、昭和30年代には工場の従業員数が東京23区で1位になっている。

加えて、東京オリンピックのための港湾整備により、大田区周辺の漁業組合が漁業権を放棄し、大田区の名産だった海苔の養殖ができなくなった。すると、広い「海苔干し場」が空き地になり、ここへ多くの工場が集まってきたらしい。

なにも集まらなくてもよいではないか、と思うかもしれないが、集まることによるメリットが大きかった。「仲間まわし」の文化が生まれたのだ。

工場がなんらかの発注を受けると、「それなら、ウチでやるより、この工場に頼んだほうがいいものができるよ」と、仲間の工場へ仕事をまわす。工場と住居がほぼ同じ場所にあり、人と人が強く結びついているからこそ生まれる文化だ。

そのため、たとえつくるのが難しいものを依頼されても、町工場の主人は「これは山田の工場にまわすか」「急ぎの仕事だから、ライバルの田中にもまわして間に合わせるか」などと仲間まわしをし、大企業の要望に応えることができた。だからこそ多くの工場が、対外的に「うちに頼めばだいたいなんでもつくれるよ」と言える。

狭い範囲にさまざまな特性を持った工場が集まり、互いに近所づきあいすることによって「お互いがお互いを支えあう」共生関係の街ができたのだ。

大田区は、電気街だったかつての秋葉原に似ている。

戦後、秋葉原には電気部品、電気製品を売る店が軒を連ね「あそこに行けばなんでもそろう」「いままで知らなかったなにかが見つかる」とお客が集まり、だからこそ店も集まり、それがさらにお客を呼ぶ、という好循環を生んできた。

大田区もこれと同様で、「あの地域に行けば、たとえば複雑な形状のものや、表面が高い精度でツルッツルのものなど、加工が難しいものもなんとかなるかもしれない」という「ブランド」が成立していった。大田区全体が、メーカーの方たちにとって「部品の秋葉原」

のような存在だったのだ。

しかも、小さな工場が集まることにより、さらなる独特な文化が生まれた。いつもメーカーに「この人は仕上げがうまい」「この人はメッキが上手だ」などと比べられるし、お互いに「もっとよいものつくろう」「ほかの人につくれないものをつくってやろう」と競い合いもした。そして、いつしか高い技術力が育ったのだ。

仲間に「こんなもんつくっちまった」と自慢するのは、町工場の職人の生きがいだ。

ただし、われわれは大きな問題も抱えていた。われらが「大田ブランド」は、あまり知られていない。理由は、店頭で買える最終製品をつくっていないからだし、われわれも「こんなものをつくった」と宣伝できないからだ。

自分たちで宣伝がしにくい町工場

メーカーや、その下請け、孫請けから「この形の部品を精度プラスマイナス何マイクロメートルで、いくつ、いつまでにつくってほしい」などと頼まれるが、われわれには、それがなにに使われるかはわからない場合がある。

仮に、食品の工場で使うものだとわかっていたとする。しかし、あたためたチョコレートのような粘りけがあるものをラインの別の場所へと動かす「ヘラ」の要領で使われるものなのか、はたまたできあがった容器を押し出すものなのかは、わからないこともあるのだ。

もちろん、発注者に尋ねれば教えてもらえる場合もあるし、それでも教えてもらえない場合もある。教えてもらえたとしても、守秘義務があって外部には漏らせないものもある。

たとえば、防衛部品に関する情報が「この部品はこの工場でつくったんだよ」などと漏れたら、誰がどんな経路で「この技術を持ち帰ろう」とか「いざとなればここを潰せばいい」と思うか知れたものではないから当然のことだ。

でも、われわれが最終製品の名を口にできないことにはデメリットがある。

仮に、日本のＪＡＸＡ（宇宙航空研究開発機構）や、アメリカのＮＡＳＡ（アメリカ航空宇宙局）や、世界的な自動車メーカーで使われているすごい部品をつくっていても、「実はうちの部品がロケットに使われていて〜」などと軽はずみには言えない。だから、特定の人にしか、大田区のイメージがない。

大田区と言って「モノづくりの街」と思う人は、モノづくりに携わっている人の中でも一部の人だけ。そのほかの方は、大田区を知っていても「東京の南側でしょ?」「蒲田のあたりで、多摩川を渡ると神奈川の川崎だよね」といったイメージしかない。

大田区は、「アニメやオタク文化の秋葉原」「ファッションの原宿」などといった、誰もが知るブランドをまだ築けていないのだ。持っているものが世界的な技術であるにもかかわらずだ。


そして、「誰もが知るブランドがない」ことが大問題なのだ。知る人ぞ知るという存在では、イキのいい若手が集まってきにくいからだ。

いま、大田区のブランド力が衰退しようとしている。

大田区のホームページによると、2008年の大田区の工場の数は4362軒。ピークの1983年には9190軒あったから、半分を割っている。従業員数は3万5741人。こちらも、1985年をピークに減り続けている。製造品出荷額は7796億円。これも、見事に年ごとに減っている。

理由はさまざまだ。

まずは、職人さんの高齢化による廃業。さらには不景気。われわれは直接、肌で感じることはないのだが、アジア諸国などが安いお金でモノづくりを請け負っていることで、メーカーの仕事が減り、結果的にわれわれの仕事が減ったという面もあるだろう。

そのほか、需要の変化もある。下町ボブスレーでも使われている炭素繊維強化樹脂（CFRP）は、軽くて強いから、今後、絶対に需要が伸びる。こうした新しい素材が生まれたから、徐々にだが鉄やアルミの出番が少なくなっている、という側面もあるだろう。

加工技術も変わった。

昔もいまも、最高に正確なのは——意外かもしれないが——「人の手」だ。工作機械では、大まかに削ることしかできないため、本当に精密さが求められる部品は最後に誤差がないよう、手で削る。1つの部品に職人が何週間もかかりきりになり、彫刻などの芸術品をつくるようにして手で仕上げることもあるくらいだ。しかし、こういったものが、徐々に、徐々に、高額な機械でできるようになってきた。

ところが、町工場が高額な機械を買うことはできない。すると、以前は単価が高かった仕事も「機械でもそれなりのものはできるから」と安く請け負わざるを得ない場合も増えてくるだろう。そんな状況が重なり、すばらしい技術があっても、経営者が高齢化してくると、「もう潮時かな」となって廃業してしまう。

そして、この衰退はわれわれ大田区の町工場の経営者にすれば、すぐ「わが身の問題」になる。誰かが廃業すれば、仲間まわしができなくなるし、仲間がまわしてくれる仕事も減る。大田区に頼めばなんとかなる、というブランドが次第に価値を失っていくだろう。

小さな工場は、お互いにお互いを支えている。誰かの廃業は、すなわち自分の痛手なのだ。

しかも、これは日本にとっても大きな問題なのだ。

大田区の町工場は海外輸出、外貨獲得にもっと貢献し、日本を富ますことができるはずだ。

たとえば、自動車メーカーや大手電機メーカーから「金属をこんな形に変形させられないか」といった相談に来る場合がある。独自技術を持った町工場が「この技術を生かせば、こんなものがつくれますよ」と大手メーカーへプレゼンに行く場合もある。当然、そこから生まれた新商品も数多くある。私が言うのもおこがましいが、町工場は、これはこれで日本の財産なのだ。

一般の消費者にとっては、大企業が樹木で、町工場は土の下に埋もれてなかなか見えてこない根っこのような存在かもしれない。だが、根っこが成長しない木は、あまり大きく成長できないはずだ。

いま、日本の製造業は、主に海外で安く生産する方向へと目を向けている。しかし、「難しい形状のものをつくりたい」「短納期でものをつくりたい」などといったさまざまな場面で、われわれのような日本の町工場が活躍できるはずだ。そのような要望に応えられるように、大企業の皆さんに「そうか、大田区ではこんなことができるのか」と思ってもらえるように、われわれは努力を怠ってはいけないし、積極的なアピールも必要だと思う。

つまり、われわれ町工場は、大手企業の足元を明るく照らし出せる存在でなくてはならないと思うのだ。

思いは深く、ノリは軽く

いくぶん長い説明になってしまったが、そのような背景があったからこそ私は、アーチェリーをつくろうと思ったことがあったのだ。

内燃機が必要なわけでなく、巨大な部品が必要なわけではない。ちょうど、大田区のみんなでつくるのに向いたものだった。しかも、アーチェリーをつくっていた日本の大手メーカーが諸事情によって撤退し、日本でアーチェリーがつくられなくなると、韓国勢が躍進を始めていた。

もし大田区の町工場が連携してアーチェリーをつくれば、それ自体が仲間まわしの源泉である、工場同士の交流につながるはずだ。もし大田区の町工場が総力をあげて「日本のモノづくりから生まれた世界に誇る一品」をつくり出せば、オリンピックに出る選手にも使ってもらえるかもしれない。そして、それらの選手が、大田区のモノづくりのすばらしさを世界に伝える広告塔にもなってくれるだろう。秋葉原や原宿に並ぶ「オリンピックの大田区」というブランド形成の一翼を担ってもらえるかもしれない。それにより受注が増えれば、さらにブランドは高まり、さらに受注が増え……という好循環に持っていける起爆剤になるかもしれない。

すなわち、われわれがつくる意味がある、というわけだ。周囲に話もしていた。

しかし、実際に動いてみようと思ってよくよく調べると、一町工場にできることではないことがわかった。武器製造にあたり、認可をもらおうとすると、多額の費用がかかるのだ。

その後、最速の義足、最速の車椅子なども考えたが、これはもうほかのメーカーが手を付けていた。

いつか、スポーツの道具で何かやりたいな。

そんなふうに思っていたところに小杉クンが来て、私の目の前に座って、「ボブスレーはどうか」と一生懸命に話している。いくらかかるかもわからないし、どうやって盛り上げて周囲の町工場のみんなに協力してもらうかも、特に案はないようだった。かかるお金も未知数だ。

そのざっくりした書類を見ながら、私は考えた。必死で考えた。

冒頭で私は何かをやるとき、YESから入ると言ったが、同時に、必ずリスクも考える。夢を見るだけなら、誰だって見られる。だからこそ、誰も想像したくない方向である「失敗」を思い描き、それでも可能であれば「やるぞ！」と動くのだ。

かかる費用は、ざっと2000万〜3000万円とはじき出した。これだけあれば、ボブスレー1機はできると踏んだ。仮に、自分で借り入れするなら、エイヤーといろいろ担保に出せば2000万円ならなんとかなるだろう。

いろいろ計算し、これなら、最悪、誰も協力してくれなかったとしても、会社は潰さないはずだと値踏んだ。

自社にも、無形の利益がもたらされると考えた。

私はいま、アルミ加工の工場を経営しているが、いつかは航空機の軽量化などのために使われているCFRPの勉強をしなければいけないと思っていた。今後、絶対にいろんなところで使われるはずのCFRPは量産がきかない。同時に、わざわざCFRPを使ってでも軽く、強くしたいモノに使われるはずだから、量産品でなく、高い精度を必要とする

図1 ボブスレーの構造

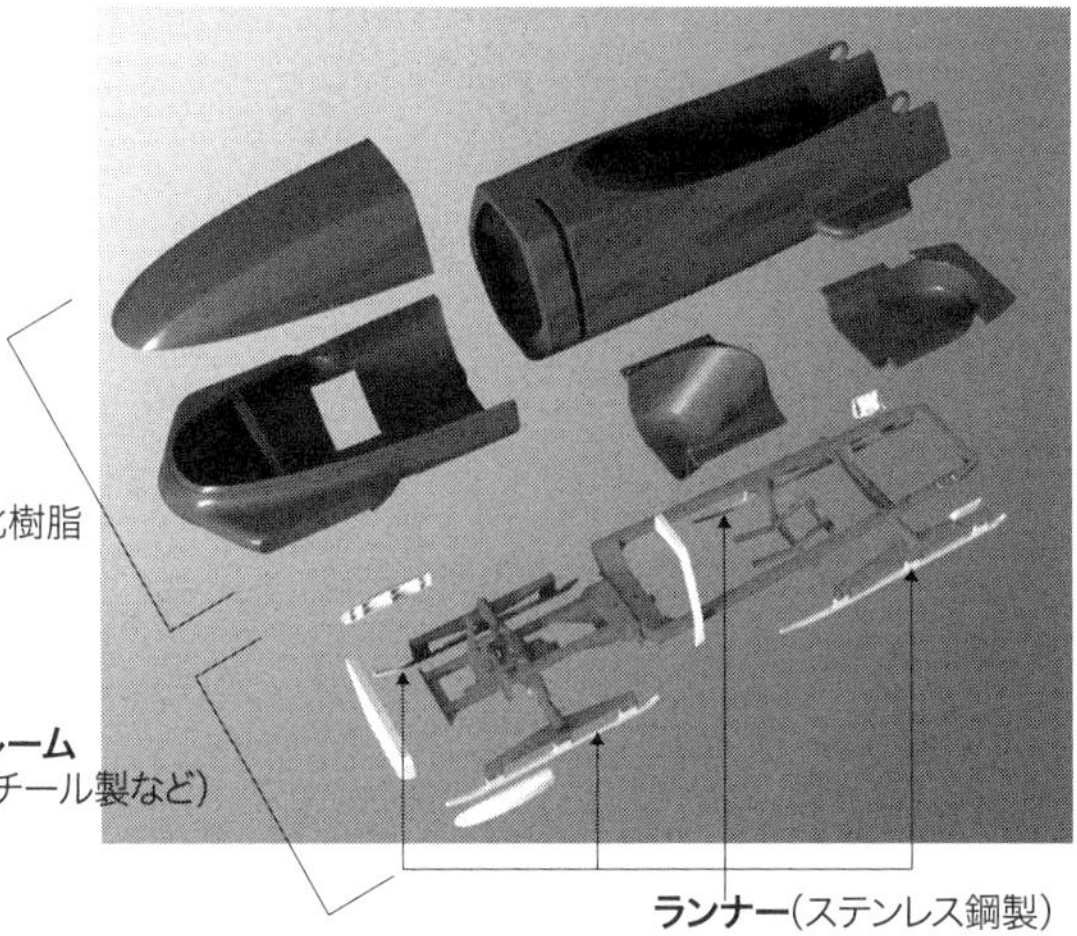

一点ものに使われるはずだ。大田区に向いている素材、と言える。
しかし、この地域にはCFRPに詳しい人は、私が知る限りはいなかった。だから、CFRPと金属加工を融合して何かつくるなどして、座学でなく、実際に手を動かし、人とかかわる中で学んでみたかった。
そして、ボブスレーは、CFRPでできた「カウル」（選手を覆い隠すカバー）と、金属製の「フレーム」（ハンドルやブレーキなどが組み合わさった骨組み）と「ランナー」（ソリの刃）を組み合わせてつくる（図1）。硬いCFRPで軽量化し、適度な〝しなり〟が必要な部分には金属を使うのだ。
CFRPと金属の融合は、まさに私がチャレンジしてみたかったことだ。だからこそ、私は軽いノリで「うん、いけるかもよ」と言った。

小杉クンは、たぶん、難事業を思い描いていたのだろう。私があっけらかんと楽観的な見方をすることに「本当ですか？」と目を丸くして、満面の笑みを浮かべた。

ようするに、下町ボブスレーのきっかけは「まあ、できなくはないな」程度の軽いノリだったのだ。ただし、常々、大田区の産業が今後どうなっていくのか、という憂慮があったからこそ、そのきっかけに本気で応じることができた、とも言える。


思いは深く、でも、ノリは軽く――。


そんな感じで始まった事業だった。

私は何か計画をすると、まずは「人にしゃべる」。人に相談すると、なにかと情報が集まってくるからだ。と同時に、うまくいかなさそうでも「あきらめない」。

たとえば、アーチェリーも、あきらめたわけではなく、いまの自分にはできないから、いったん放置した。でも覚えていて、何かの機会を見つけては「こんなことやってみたいんだよね」と話していた。そうしたら小杉クンが来てくれた、というわけでもあった。

大田区のために、日本のために

小杉クンが来たのは、木枯らしが吹き始めた秋、2011年10月のことだった。その後、私はまず、自分にできること、具体的に言えば身近なところで仲間集めを始めた。

人を巻き込むということは「私はこれをやってもらえるとうれしい」と人に話し、同時に「こうしてもらえるとうれしいんだよね」と人に話すことだと思う。なにをすると喜ぶか、なにをされたら喜ぶか、それをお互いが共有していれば、人は巻き込める。

ちなみに、町工場の仲間は、気持ちのいい奴らが多い。たぶん、なんでも自分で決められるから、「検討してご連絡を……」といったやり取りが少ない。保留が少ない。だから、まずはよく知った仲間に計画を話していった。

私は普段から経営者の会などをやっていて、気ままに「いついつ、飲み会をやろうぜ」とみんなにメールを入れる。経営者の会というと気が張って嫌だから、「経営者の集い」と言っている。たまに技術者を呼んで勉強会を開いたり、不定期で講習会を開いたり、みんなの企業から若い人を集め、先生を呼んで新人教育を実施したりしていた。

会場は、蒲田の中華料理屋（大田区蒲田は餃子が有名な街なのだ）、知人の会社の会議室、あとはマスターが「よければウチを使ってよ」と言ってくれた居酒屋などだ。あるときは「もし中小企業庁の長官に来てもらえたらすごくないか⁉」という話になり、実際に声をかけてみると、長谷川榮一さんがいらしてくれたこともあった。飲み会は本当にすばらしい。その後、長谷川さんは常々、私たちの活動に目を配ってくださり、このときの会合が、のちに「わらしべ長者」のような形で下町ボブスレーを助けてくれた。


そんな私も、下町ボブスレープロジェクトに人を誘う際には、ちょっとした工夫をした。まだ下町ボブスレープロジェクトがいまほど盛り上がっていない時期の話だ。

みんなに「ボブスレーをつくろう！」と話しても「何で？」という反応しか返ってこない。しかし、人と会ったついでに「どうすれば大田区のモノづくりがもっと盛り上がると思う？」といった話を振ると、みんな「もっと大田区内での交流が活発でなきゃ」とか「若い人の育成だな」とか「やっぱり大田ブランドの価値を高めることだよ」などと口々に話す。これを聞いたあと「そう思うだろ？　そこで、始めたいことがあるんだよ」と話すと、みんな、下町ボブスレーの案を興味深そうに聴いてくれた。

みんな心の中に問題意識があり、やりたいことがある。私が「やりたい」と言い、相手にお願いし、動いて「もらう」形では、プロジェクトに参加したくもならないだろうし、協力してくれたところで、いずれ負担に感じ、プロジェクトを去っていくだろう。だから、みんなが積極的に参加したがるように持っていく必要があった。だから、「普段、あなたが持っている問題意識を、ボブスレーづくりで解決してみませんか?」という提案をしたのだ。

加えて、私は「大田区のため、日本のため」という大きな目標を掲げた。大田区ならずとも、人はお互いに共生し合って、お互いにもたれ合って生きている。だからこそ、あまたある夢の中でも「みんなでよくなろうよ!」という夢は、みんなの支持を得る。

私はなにも、カッコつけたくて言っているのではない。

人は誰より自分が大事だ。他人の会社と自分の会社、どちらが大事かと言われれば、まず100%近くの人が「自分の会社」と答えるだろう。他人の家族と自分の家族のどちらかしか救えないという苦しい状況ならば、人は自分の家族を優先したいに違いない。だから私は、そんな状況にまで追い詰められず、危機が迫る前に先回りしてこれを解決し、いつも余裕たっぷりの状況をつくり上げておくことが大事だと思っている。

ただ、周囲の人間と手と手を取り合ってよくしていかなければならないことが、世の中にはある。仲間まわしなどがそうだ。大田ブランドの活性化も同じ。大田区のどこか1社が大きくなれば、大田区全体のモノづくりが盛り上がるというものではない。みんなの社業が順調であって初めて、大田ブランドの活性化も可能になる。だから今回も、危機が訪れる前に、大田区のモノづくりを盛り上げる手を打つつもりだった。

やはり、危機を事前に察知すべく最大限努め、危機には「まだ迫っている段階」で対処すべきだ。

企業経営を思い浮べれば、理屈は簡単。債務超過に陥った企業は、お金を借りられないだけでなく、受注だってできない。大企業であれば、当然、発注前に財務状況を調べる。いつ潰れてもおかしくない企業に発注するのは、タイミング悪く潰れてしまった場合に納品してもらえないというリスクをともなう。無事に品物が届いたとしても、今後、修理などが発生したときに対応してもらえなくなるかもしれない可能性は残る。そんな状況でも受注するには、取引先との間に余程の信頼関係がなくてはならない。

それならば、そこまで追い詰められる前に何らかの手を打ったほうがいいに決まっている。

確かに、人はきれいごと〝だけ〟では動かない。しかし、きれいごと〝も〟なければいけないのだ。

だから私は、下町ボブスレーでやるべきこと（理念）を考えに考え、人に話した。その理念が伝わり、かつ、友情や信頼関係があると、人は自然と動く。中には意気に感じ「ヨシわかった！　じゃあ、一番大変な部品は俺んトコでつくってやるよ！」などとカッコいいことを言ってくれる人もいた。

すると、私もいつしか声をかけるときのトーンが明るくなっていった。誘い方も、わかってきた。「〇〇チャン、お願いがあるんだよ。一緒に大きな夢を見たいんだよね」そんな語りかけから話し始めると、みんな、動いてくれる。


のちほど詳しくお話しするが、スポンサーにも声をかけた。金銭が絡むと、どうしても「お願い」のトーンになりがちだが、「応援してほしい」というお願いは気まずいかと言えばそうでもない。「夢」を共有できると、人はお金を「出してもいいよ」でなく、「出したい」と思って出してくれる。

さらには、大田区の幹部たちが力になってくれた。大田区役所や大田区産業振興協会の方々とは、2008年から深く付き合うようになった。

同年、私が経営する「マテリアル」社の工場が、大田区「優工場」の最優秀賞にあたる

「総合部門」で表彰された。「優工場」とは、「人に優しい（働きがいのある労働環境）」「まちに優しい（周辺環境との調和）」「経営や技術に優れた」工場を認定する大田区の取り組みだ。町工場の中で特に優秀な工場を表彰することによって、大田区の工業に従事する人のやりがい、生きがいを引きだそう、としている。

そして私は、これをご縁に大田区産業振興協会と合同で音楽のイベントを開催していた。このときにつながった方々が、下町ボブスレーでも支えとなってくれたのだ。

音楽イベントは、町工場のオヤジとプロのミュージシャンと学生がバンドセッションをするという企画だった。実は私、音楽が趣味で、下町ボブスレーに参加している町工場のひとつ「ナイトペイジャー」の横田信一郎さんたちとバンドを組んでいる。さらに、学生やプロのバンドも呼び、みんなで絡めば、何か面白い化学反応が起こるかもしれないと思った。参加した学生が「将来、町工場で働いてもいいかな」と思ってくれるかもしれない。プロとの交わりが、ミュージシャンとしての飛躍につながるかもしれない。

結果的に、そのイベントはプロのミュージシャンにもご協力をいただき非常に盛り上がったのだが、これに協力してくれた大田区の幹部が下町ボブスレーも応援してくれた。

実は「プロジェクトを始める資金にしてほしい」と、50万円もの私財を最初に寄付してくださった方がいた。ご本人から「名前は出さないでね」と言われているから、ここで誰かは言えない。だが、この資金が大きかった。正直に言うと、彼に50万円ものお金を渡された瞬間、私は「これは裏切れない」「腹をくくるしかない」とスイッチがＯＮになった。

情熱を持って「やりたい」と言っている人間のことは、ちゃんと応援してくれる。そんな人間関係の濃さが大田区のよいところだと再確認した出来事だった。

みんなで腹をくくるための提案

だが、肝心の会議はまだ盛り上がりに欠けていた。小杉クンを筆頭に私の友人たちなど、大田区のモノづくりの関係者が集まったが、こちらはイマイチ具体的な進展がない。

もちろん、ゆっくりとであれば、コトは動いていた。

まず、いきなりオリンピックをめざすボブスレーをつくるのでなく、1号機を開発しようと決まった。

実機を1台もつくらず、いきなり世界最高速をめざすといっても飛躍が大きすぎる。工業製品の多くは、基本設計があり、改良を繰り返し、完成に近づけていく。だからまずは1号機、いわゆるプロトタイプをつくり、問題点を洗い出し、その先のことは、その先で考えようと思った。

当然、1号機という目に見える形をつくっておかなければ、周囲を巻き込めない、という思いもあった。1号機をつくれば、選手に「操作性をもっとこうしてほしい」といった意見もいただけるだろう。

最終的には、オリンピック代表を決める日本ボブスレー・リュージュ・スケルトン連盟（以下、日本ボブスレー連盟）の皆さんに信頼してもらい、オリンピックに出場する機体に下町ボブスレーを採用してもらわなければいけない。そのためにも1号機が必要だと考えた。

次に、日本ボブスレー連盟にも連絡を取ることになった。

これは、一般企業の経営者が行くと、「なにかカネ儲けをたくらんでいるのかな？」と相手に不信感を抱かせてしまうかもしれない。そこで、最初は小杉クンからコンタクトを取ってもらうことにした……と、このように動き始めても、重要な仕事に関しては、みんな「自分がそれをやっていいのだろうか？」という迷いがあるようだった。

大田区の町工場は、それ自体が大きな企業というわけでなく、中小企業の連合体だ。だからこそ、A社はこの技術に強く、B社はこの技術、といった多様性があって、それが交わることで大企業の要望に応えたり、技術を磨き合ったりしてきた。バラバラだからいいのだ。

しかし、みんなでまとまってなにかをやろう、という場合に弱みが露呈する。この時点では、それなりに忙しい経営者が時間を合わせて集まったものの、「具体的にどうしましょうか」と言っても、みんなシーンとしているような状況だった。

私は2度ほどこの会議を繰り返した時点で、少し焦った。このまま、この意気の上がらない会議を続けていたら、下町ボブスレーの話は立ち消えになるだろうと思った。

こういった、なんの義務もなく、なんの儲けにもならず、それこそ区をあげての文化祭のようなプロジェクトを行うとき、次第に気持ちが冷えるというのは、ゼロの地点に戻るのでなく、マイナスになることを意味する。

気持ちを冷ましてはいけないのだ。これはすべての人間関係に通じる。相手が「やろう」と思ったその勢いをつかまえ、動かさなければ動かないのだ。

みんなに、やると腹をくってもらわなければいけない。私はそう思った。さらには、私自身、やると腹をくくり直さなければならないのかもしれなかった。

そこで、私は提案をした。

「もう、こういうことやりますから、って世間にどーんと発表しようよ。『やります！』って記者会見しちゃったほうが早いんじゃない？」

図2 「大田ブランド」のロゴマーク

ONLY OTA QUALITY®

Member's No.9999

未来職人®
こだわりの仕事™

私たちは「Only Ota Quality」を合言葉に、モノづくりに取り組んでいます。

大田工業連合会・東京商工会議所大田支部・大田区産業振興協会は「大田ブランド推進協議会」を組織し、「大田ブランドは、ひとつひとつの異なる個性が集積し、そこから生まれる新たな価値（=Quality）を提供します」という理念のもと、「大田ブランド」に相応しい登録企業（高度で多種多様な技術力とモノづくりへの情熱を持つ企業）の全国的・国際的なPR活動を支援している。「大田ブランド」に登録された企業は、このマークを掲げることができる。

腹をくくりませんか？　そんな問いかけをしてみせたのだ。

せっかく「下町ボブスレーをやる」という設計図は描けたのだ。失敗に終わるかもしれない、大成功するかもしれない。やってみなければわからない。とすると、あとはサイコロを振るだけ。もう戻れない川を渡って走り出すだけではないか。

だから、1号機ができるまでは自分が責任を取ろうと考え、下町ボブスレーネットワークプロジェクト推進委員会の委員長にも就任した。私が音頭をとる、寄付が集まらなければお金も私が出す。

ボブスレーには「大田ブランド」のロゴのシール（図2）を貼り、表向きは大田区および下町ボブスレーネットワークプロジェクト推進委員会の仕事でいい。しかし、プロジェクトが盛り上がり、寄付が集まるまでは、ひとまず、私が経営する「マテリアル」の事業として行うことにした。助成金の申請や事業主体も、いったんは「マテリアル」でいいと割り切ったのだ。最後に支払いが残ったら、その債務は「マテリアル」が負うと、心の中で決めた。

みんなでつくる楽しさを若者と共有したい！

しかし当然、それだけでは面白くない。私がお金を出し、私がボブスレーをつくっても、大田区全体はまとまりもしないし、交流も生まれない。それに、次世代の育成にもならないだろう。

だから、まずは1号機づくりで盛り上げ、記者会見なども行う。入りやすい入り口ができれば、いつかは大田区の多くの町工場が参加してくれる事業になるだろう。

事業がうまく回り始め、有名になった時点で初めてこの事業のことを知り、「仲間に入れてほしい」と言ってくる人もいるに違いない。それまでは、私が自分の主体性を持ってやればいいではないか。

「それでは細貝さんがリスクばかり引き受け、なにを得るのか」と言ってくれた人もいた。しかし、私には私なりの思いがあった。

若者だったころの私には、一種の飢餓感があった。定時制の高校へ通い、18歳で材料問屋へ就職した。独立後は毎日3時間しか寝ずにダブルワークをし、お金をため、さらに精度の高い部品をつくるために新しい機械を買い、それを置く土地を買った。自分たちはこんなにすごいものをつくれると人に伝え、なんとかいままで生き延びてきた。

では、その過程が大変だったかと言えば、ハッキリ言って「楽しかった」。もうめちゃめちゃに「楽しかった」。求めるものは、精神的な満足でも、達成感でも、物質的なものでもいい。何かを「つかみに行こう！」という気持ちで、必死で駆けずりまわるのは、間違いなく楽しいことなのだ。

下町ボブスレープロジェクトの初期リーダーを務めることは、そんなことを次世代に伝えるきっかけになるはずだと感じたのだ。

いま、日本は世界的なレベルで裕福で、モノ、カネに不足がない。面倒なことなんかやらなくても生きていける。だから、面倒なことは誰もやらない――では国家が衰退する大きな原因になるだろう。時代は確実に変わっていく。いま余裕があるなら、余裕があるうちに、次に迫りくる変化へ対応できるよう布石を打っておかなければならない。

ようするに、人は面倒くさいことを自分で考え続けなければ生きていけない。常人にできる範囲の努力に情熱を付け加えれば、人生は思いっきり変わる。人生は明るくなる。しかも、仲間がいて、目標があれば、その面倒くさいこともエンジョイできる。

しかし、そのことを言葉で伝えようとしても、そんなのは話すほうも、聞くほうも面倒くさいに決まっている。だったら、一緒に楽しむ。私自身が楽しむ。その輪に、若い人に加わってもらえばいい。私自身がロックンローラーになって、エンジョイして、若者たちが「何だアレ、やけに面白そうじゃねーか」と一緒に踊り出す。そうすれば、思考と考え方をちょっと入れ替えるだけで、人生なんて思いっきり変わることを伝えられる。

学校だって同じだ。先生に魅力があれば、生徒たちは勉強し、時には「先生になりたい」と思うもの。私は、このプロジェクトに勢いをつけることで、そんな影響を与え合えばいい、と思ったのだ。

「日本からの挑戦状」

ボブスレーという競技の記録の良しあしは、スタートの瞬間に大きく左右される。ボブスレーは重い。200キロほどもある。これを、元は陸上競技などで鳴らした選手たち2人、もしくは4人で押し、一気に下り坂のコースを滑り降りる。スタートの瞬間には、特別、力が必要なのだ。

下町ボブスレーのプロジェクトも、これと似ていた。

いや、新しい試みはすべて似ているのだろう。

スタートがうまくいき、ソリを滑らせることができれば、勢いがつき、事態は走り始める。結局、記者会見をやろう、という〝ブチあげ〟が、下町ボブスレーのスタートダッシュとなった。

とはいえ、私には、記者会見を開催した経験などなかった。だから、取材に来てくださって以来、顔見知りになっていた日刊工業新聞の方に記者会見の段取りを聞き、具体的な進め方をレクチャーしてもらった。まずは、メディアに「ニュースリリース」として「いつ、

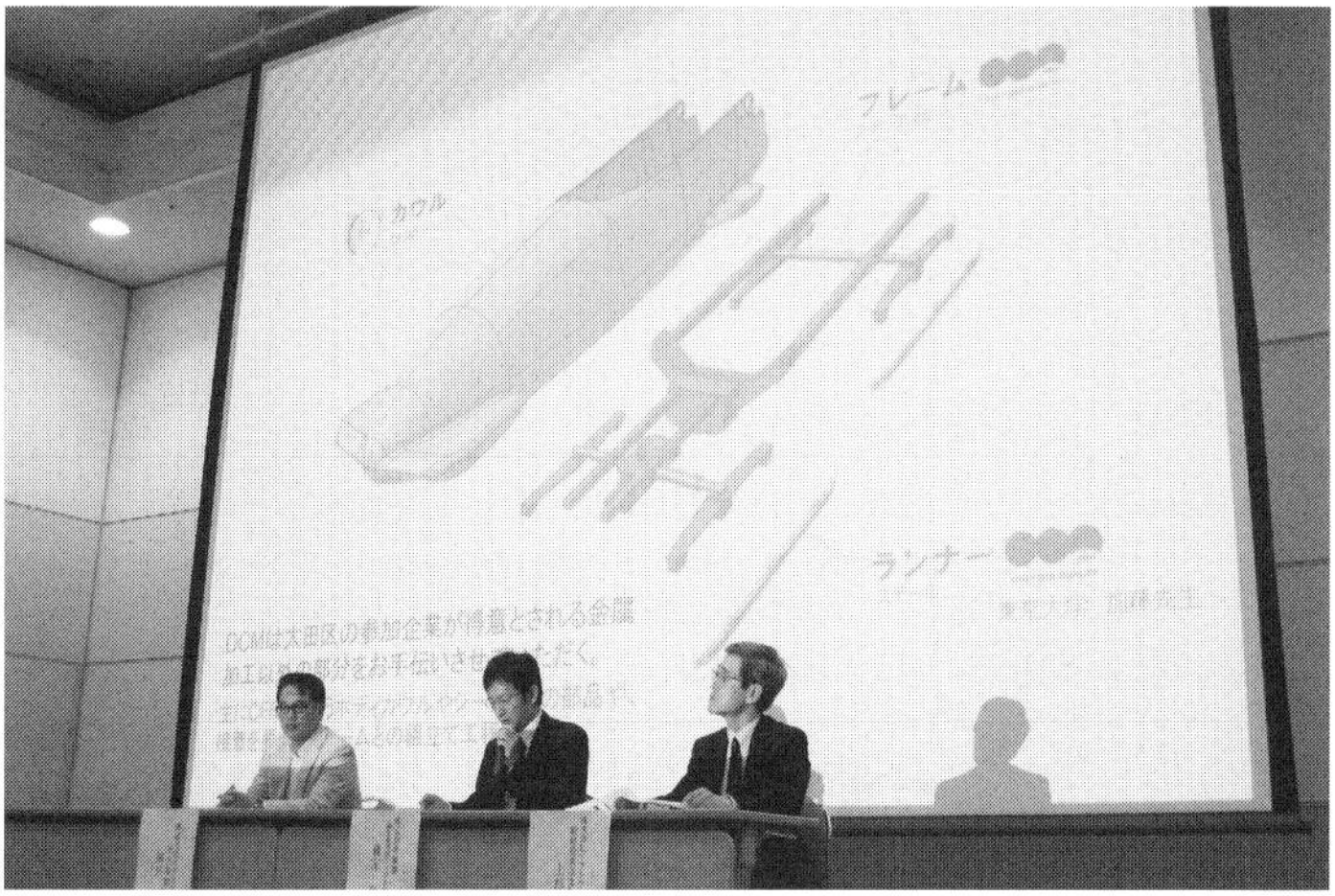

2012年5月23日にパシフィコ横浜で行われた記者会見（提供：下町ボブスレープロジェクト）

どこで、こんなことを発表しますよ」という予告を送るべきこと。そして、口頭による発表だけでなく、資料を配ったほうが記事になりやすいこと。さらには、必ずメディアの人間からは名刺をもらっておき、次回の記者会見の案内を送ることなど。

それらのアドバイスをもとに小杉クンがニュースリリースを書き、ファクス、メールなどでテレビ局、新聞社、出版社などの各メディアに送った。

会場はパシフィコ横浜をお借りしたのだが、正直言って、メディアが何社来てくれるかわからなかった。もしかしたら、ガラガラの会場で、せっかくいらしてくださったメディアの方にも「なんだこれ、ガラガラじゃないか」と思われながらの会見になるかもしれない、とも思った。

しかし、思いは深く、ノリは軽く、だ。とにかく、まずはやってみようよ、と考えた。

そして、小杉クンが作成したニュースリリースを見たとき、私は、彼の思いもまた深かったことを知った。

「日本からの挑戦状」

「下町の町工場がフェラーリやＢＭＷに挑む」

そんな、胸が熱くなる文字が紙の上に躍っていた。

［夏目幸明のコラム1］

「大田区の町工場はすごい！」

小杉聡史
（公益財団法人 大田区産業振興協会）

サッカーのキング・カズこと三浦知良選手がゴールを決めた――。その様子を自宅のテレビで見ていた公務員がいた。

大田区の小杉聡史氏だ。このとき、小杉氏は大田区役所の職員になって13年、3年前からは大田区産業振興協会へ出向していた。とくにスポーツ経験があるわけではない、一般的な公務員だった。

キング・カズのゴールは、2011年3月29日に東日本大震災の被災地復興支援のために行われた「チャリティーマッチ　がんばろうニッポン！」でのものだった。ここで決めるとは、さすがは千両役者。そのカズが、汗を飛び散らせ、ゴール後のパフォーマンス「カズダンス」を踊っている。チームメイトが一斉に駆け寄ってきた。その向こうには、スタジアムをいっぱいに埋めた観客が熱狂している。

自宅のリビングの椅子に腰かけ、小杉氏は想像をめぐらせた。震災で被害にあった方に勇気を与えるスポーツの世界っていいなぁ。カズのように、全国が注目する大舞台で結果を残し、みんなから称賛され、みんなに夢を与えるって、どんな気分なんだろう?

カズのゴールに背中を押された小杉氏は、「やっぱり、ちょっとだけ前に進んでみようかな」と考えたという。

このとき、小杉氏の心の中にあったアイデアが「下町ボブスレー」だった。

「大田区がニッポンを沸かせて、世界にその存在を示す……かもしれない秘策でした。そして、何度も考え直したのですが、大田区の町工場の実力をもってすれば、不可能ではないと思えたんです」

大田区産業振興協会の広報チームに配属された小杉氏は、大田区の産業振興のための地道な仕事を日々遂行していた。たとえば、地域の技術力をアピールする「おおた工業フェア」の開催をサポートしたり、中小企業の人材確保を手伝ったり、さらには子供たちの工場見学を引率したり。

その過程で、彼には気づいたことがあった。

「大田区の町工場の皆さんは『こんなすごいことができる！』ともっとアピールしてもいいんじゃないかと思ったんです。

たとえば、『ケガをしない缶蓋』を発明した大田区の町工場があります。いまでは缶切りがなくてもプシュッと開けられる缶詰が定着していますが、開けたあとが刃物のようになって手をケガしやすいという難点がありました。そこで、世界中の大企業が人を傷つけない缶蓋をつくれないかと研究していたんですが、なかなか実現ができなかったんです。

そんな中、大田区の町工場『谷啓製作所』がこれを実現しました。しかも、その工場の方は『それが世の中の役に立つのなら』と、その成果のインパクトの大きさから考えるとタダのような値段で、その技術を大手メーカーに提供したんです。この技術を独占しておけば、何億円、いや、何百億円になったかわからないのに、『谷啓製作所』の方は『みんな困ってたから』とおっしゃっていました。『世界中に安全が広まること』を優先されたんだと思います。

そのほか、『ｉＰｈｏｎｅ』の部品の中にも、大田区の工場で金型や試作品をつくったものがたくさん使われています。一般的には最終製品を組み立てたり、販売したりしている大企業が注目されますが、よくよく中身のことを知ると、大田区の中小企業がすごいから実現できた商品という例は結構あるんです。

ところが、町工場の皆さんは、自分たちがすごいことも思っていないし、人にもアピールするつもりがない。まあ私も、産業振興協会に出向してくるまで、そんな現状はまったく知りませんでしたが……」

オチをつけるあたりに、サービス精神が旺盛な人柄がにじみ出る。

と同時に、小杉氏はある本とも出合っていた。『下町ロケット』。下町の町工場・佃《つくだ》製作所と、日本を代表する大手メーカー・帝国重工との特許紛争をめぐる小説だ。

これを読んだ小杉氏には、現実世界で、いま、自分が直面している課題がはっきりと見えたという。そして、「もっと多くの人に、下町の町工場の技術力を知ってほしい。そのためにも、何か最終製品をつくって、もしくは広告塔になるようなことをやって、世に大田区の技術を知らしめたい」と考えた。

そして、「何がいいだろう?」とさらに考えをめぐらせた小杉氏が目を付けたものがあった。

「最初に『スポーツで使うものがいいな』と思ったんです。技術をアピールするんだから、やっぱり目立たなきゃいけない。スポーツなら、オリンピックがある。しかも、ほかの団体がつくっていない、何か新鮮味があるものがいいと思いました。

そこで、ネットを見ながらオリンピックの競技を見ていくと、夏季オリンピックはあまり道具を使わず、冬季のほうが道具をいろいろ使うことがわかってきたんです。その中で、大田区で開発できそうな金属の道具はなにかと考えると、そう悩まずに『ボブスレー』にいきつきました。

いろいろな記事を見ていたら、海外のボブスレー選手が『日本はモノづくりの国なのに、なんで日本人選手は外国産のソリに乗っているんだ』とコメントしていて、確かに、モノづくり立国・日本で国産ソリがつくられていないのはおかしい、と思ったんですよ。

その後、いろいろ調べてみると、エンジンなど大掛かりな装置がないから、大田区の町工場が力を合わせればつくれるはずだと思いました。ただ、インターネットで調べても、情報があまりなくて、最初のうちは国際大会に出場するための規則などもわかりませんでしたし、ボブスレーの製作にいくらかかるかもわかりませんでした。

しかし、ソリの性能が選手のパフォーマンスに大きな影響を与えること、イタリアはフェラーリでドイツはＢＭＷなどと名だたる大企業が開発していること、日本選手は中古のヨーロッパ製のボブスレーなどを使っている状況であることがわかりました。

そのようなところに大田区の町工場が名乗りを上げて競争をすれば、ニュース性があると思いました。しかも、サッカー日本代表のキリンビールや野球日本代表のアサヒビールなどのような大きなスポンサーがついていない競技であることもいいな、と。

いままで『大田ブランド』と言っても抽象的すぎてイメージがつきませんでしたが、ボブスレーをその象徴にできないか、と思ったのです。中小企業が多い大田区の町工場に向いているのは、大量生産するようなものではなく、多品種・高精度・少量生産です。

そして、ボブスレーはまさに高精度・少量生産でした。そのほか、短納期という部分も重要かもしれないと思いました。選手と対話し、要望を次々と実現していく過程では確実に納期の短さも問われるはずです。

加えて、日本国内でボブスレーと言えば、仙台大学など東北から選手が多く出ている。ボブスレーの国産ソリをつくることで、東北の選手の夢に貢献できれば、それが自分なりの被災地支援にもならないか、とも考えました」

しかも、小杉氏はまさに、思いついたら実現できる立場にいたのだ。公務員である彼は「大田区のために」と旗を振る役割を担うことができる。だから、小杉氏は「明日から、ちょっと動いてみよう」と思ったのだ。

「まず、区の職員提案制度を利用して、2011年8月にボブスレーの案を企画提案してみました。ただ、さすがに新規性が高すぎ、夢のような話だったから、落ちるだろうな、とは思っていました。そして、実際に落選の知らせが届きました。

でも、よく見ると『アイデア賞』という残念賞のようなものを受賞していたんです。誰かが『これくらい大きなことをやろうというヤツがいてもいいじゃないか』と、僕の案を救ってくれたんでしょうね。記念にいただいたのは、図書カード3000円分だったことを覚えています（笑）」

このアイデア賞受賞の事実が、小杉氏が実際に動くときの後ろ盾になった。

「上司のところへ行き、改めて『アイデア賞だったボブスレーの取り組みをやってみたい』と言うと、上司も気になっていたらしく、『なら、やってみなよ』と言ってくれたんです」

そこで、小杉氏は仕事を通して親交のあった町工場「ナイトペイジャー」の横田信一郎氏を訪ねた。のちに下町ボブスレープロジェクトで大きな役割を果たす横田氏は、このとき、素直に「いま、社業で多忙すぎるから、私が主人公になって進めることはできそうにない。でも、いい人がいるじゃない」と、小杉氏に細貝淳一氏を紹介したのだ。

そうして実現した小杉氏と細貝氏の出会いが、「下町ボブスレー」誕生のきっかけとなった。

そのときの細貝氏の感想を小杉氏に伝えてみた。「あのときの書類がざっくりしていた」

という話だ。すると、小杉氏は苦笑した。

「あのとき、Ａ４の書類２枚だけ持っていったのは、気軽に相談に行ってみよう、と思ったからですよ」

逆に言えば、小杉氏の動きはすばらしいスタートダッシュだった、とも言えるだろう。

そのほかにも、小杉氏はさまざまな立場の人物からアドバイスを受けていた。

「ちょくちょく聞いたのは『もっと困っている人がたくさんいて、それらの人の役に立つものをつくろうよ』というご意見でした。

たとえば、高性能の介護用品などです。しかし、それではさまざまな情報に埋もれちゃうのかな、と思いました。そういうものの開発を手掛けている企業はすでにいくつもありましたから。もちろん、たくさんの人の役に立つものをつくっていくのは大事なことですが、『大田ブランド』のＰＲということを考えると、今回は違うと思いました。

一方で『世間に知られなきゃだめだ』という考えを理解してくださる方もいて、『ようするに地域のお祭りだね』という声も聞きました。私も、まさにそうだと思います」

単純に「それ、大変そうだね」という声もあったし、「ボブスレーの関係者に知り合いはいるの？」と危ぶむ声もあった。ボブスレーをつくったはいいが、採用してもらえなければ意味がないじゃないか、という心配だ。
しかし、小杉氏はそれらの心配に対し、仲間たちと協力しながらひとつひとつ地道に対応していった。

「サッカーと同じで、ボブスレーもスポーツなのだから、協会があって、選手がいて、というつくりは同じだと思ったんです。

そこで、どんな役割を果たしてくれる人が必要で、具体的に誰にお願いしてみるか、という相関図をつくってみました。そして、摩擦に関してはこの教授に、炭素繊維強化樹脂（CFRP）はこの企業に、とお願いをしていきました。

覚えているのは、不思議な出会いが数多くあったことです。

たとえば、CFRPの加工を引き受けてくださった東レ・カーボンマジックの奥明栄副社長が、元・ボブスレー日本代表選手である脇田寿雄さんをご紹介くださったのですが、その脇田さんが大田区に住まわれていることがわかったり……という感じです。

楽しんでやっていると、さまざまなご縁をいただけるような気がします。楽しそうだと、仲介してくださる方も紹介しやすいのかもしれませんね」

プロジェクトが立ち上がった当初、下町ボブスレープロジェクトにはお金がほとんどなかった。しかし、小杉氏は「資金もなく、知名度もない小さな者たちの挑戦だったからこそ、マスコミが大挙して報道してくれたのではないか」と話す。

「仮に、全国で名を知られた企業が名乗りを上げ、『ボブスレーをつくります』だったら、ここまで盛り上がり、取材に来ていただけたでしょうか？

大田区の町工場が夢を持って始めたことだから、皆さんが注目してくださった。この『小さなわれわれが大きな者に立ち向かっていく』という構造がいいんだと思うんです。

ちなみ、『下町ボブスレー』というネーミングは、『下町ロケット』にちなみ、ごく最初の段階で決めたものなんですが、小さな企業が汗水流すイメージが伝わる、いいネーミングだったと思いますね」

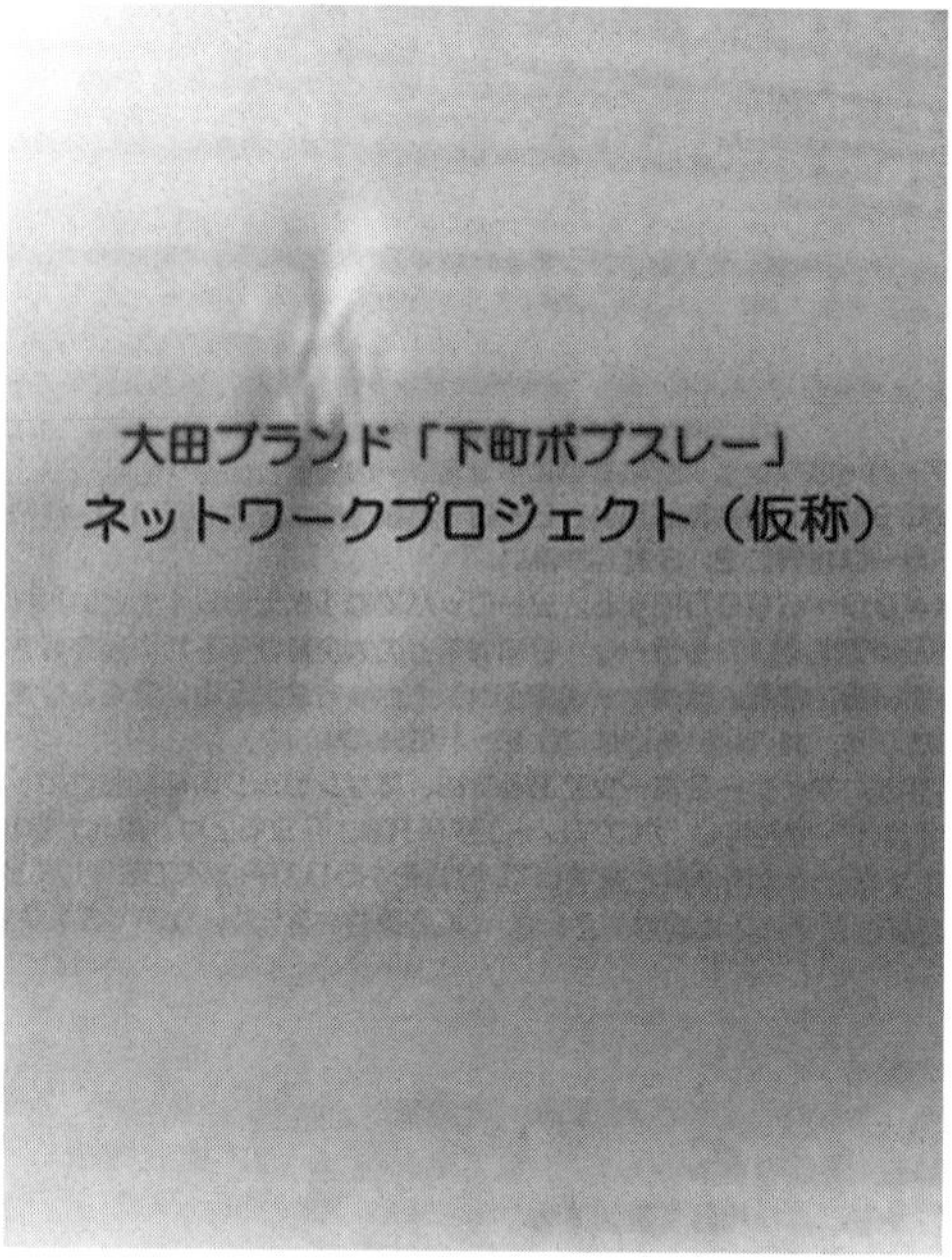
大田ブランド「下町ボブスレー」
ネットワークプロジェクト（仮称）

下町ボブスレープロジェクトの初期に小杉氏が作成した資料の表紙
（提供：横田信一郎氏）

第2章

時速130キロ以上で走るマシンをつくれ！

時速130〜155キロで走るボブスレー

ここで「ボブスレー」という競技と、われわれがつくろうとしていた「ボブスレー」の機材のお話がしたい。

日本オリンピック委員会（ＪＯＣ）の資料のよると、ボブスレー競技は、必要があって始まったものが、次第に遊びに変化し、競技として成立していったと言われている。

ヨーロッパでは長く、冬山で人が移動する手段、さらには木材を切って運搬する手段としてソリが使われていた。そして、スイスのアルプス地方の冬山リゾートを訪ねたヨーロッパの富裕層が、これを遊びにし、競技化していった。

具体的には、１８８３年にスイスのサンモリッツで、イギリス人が「トボガン」（木製ソリ）をスポーツ化し、翌１８８４年から「クレスタラン」という競技会を開いた。

これが冒険好きな人々の心をくすぐった。１８９０年代に入って、さらにスリルを求める人々が鋼鉄製で舵と制動機の備わったソリをつくり、これを「ボブスレー」と命名した。

名前の由来にはさまざまな説があり、直線でのスピードが増加するにつれて選手が前後に振れる（=bob）から、といった説もあるが定かではない。

その後、１９２３年には国際ボブスレー・トボガニング連盟（ＦＩＢＴ）が創設され、翌１９２４年の第1回オリンピック冬季競技大会のときからすでに正式種目になっていた。現在、オリンピック冬季競技大会では、男子2人乗りと４人乗り、女子２人乗りが行われている。

ボブスレー競技の特徴は、とにかく「氷上のＦ１」と呼ばれるほどの速さだ。滑走するボブスレーの最高時速は、チームやコースにもよるが１３０〜１５５キロにも達する。曲がりくねった狭いコースを、高速道路でも出すことができないほどのスピードで滑り降りるのだ。

当然だが、競技は危険をともなう。操作を誤り、コースアウトなどすれば、選手はケガをまぬがれないだろう。せっかくボブスレーをつくるのだから私も乗ってみたい気もするが、その加速感、体感スピードを考えると、やっぱり、つくるだけにしておきたい気もしなくはない。

では、選手たちはどう乗るのか。

2人乗りでも、4人乗りでも基本は同じで、前に乗ってハンドルを操作する「パイロット」と、後ろに座ってブレーキを操作する「ブレーカー」が息を合わせてスタートダッシュをかける。呼吸を合わせて50～60メートルほどソリを押して走り、加速をつけてすばやく乗り込む。乗り込み方が難しく、タイミングがずれるとタイムロスにつながる。

その後は、パイロットの腕の見せどころだ。ソリのハンドルを操作して、ソリの下にある「ランナー」（ステンレス鋼製の刃）を動かす。これにより、氷壁との接触を避け、カーブで滑走ラインを選択し、曲がりくねったコースを速度を落とさず滑り降りるのだ。この間、ブレーカーたちは空気抵抗を少なくするため、ひたすらに頭を下げてゴールを待つ。

たとえば、1998年の長野オリンピックで使われた「長野市ボブスレー・リュージュトラック（スパイラル）」の総延長は、1700メートルで、標高差は113メートル（図3）。ただし、ブレーキをかけて減速するために用意された部分などがあるため、実際に競技行う距離は約1300メートルほどになる。この区間に15カ所のカーブが設けられている。ちなみに、長野オリンピックの際にはコース周辺で約1万人が観戦できた。

男女とも、このコースを約1分程度で滑り降りる。ちなみに、ソリと選手の合計体重には制限があり、男子2人乗りは、選手2人とボブスレーの合計が390キログラム、男子4人乗りは630キログラム、女子2人乗りは340キログラムと決まっている。ボブス

図3　長野市ボブスレー・リュージュトラック(スパイラル)

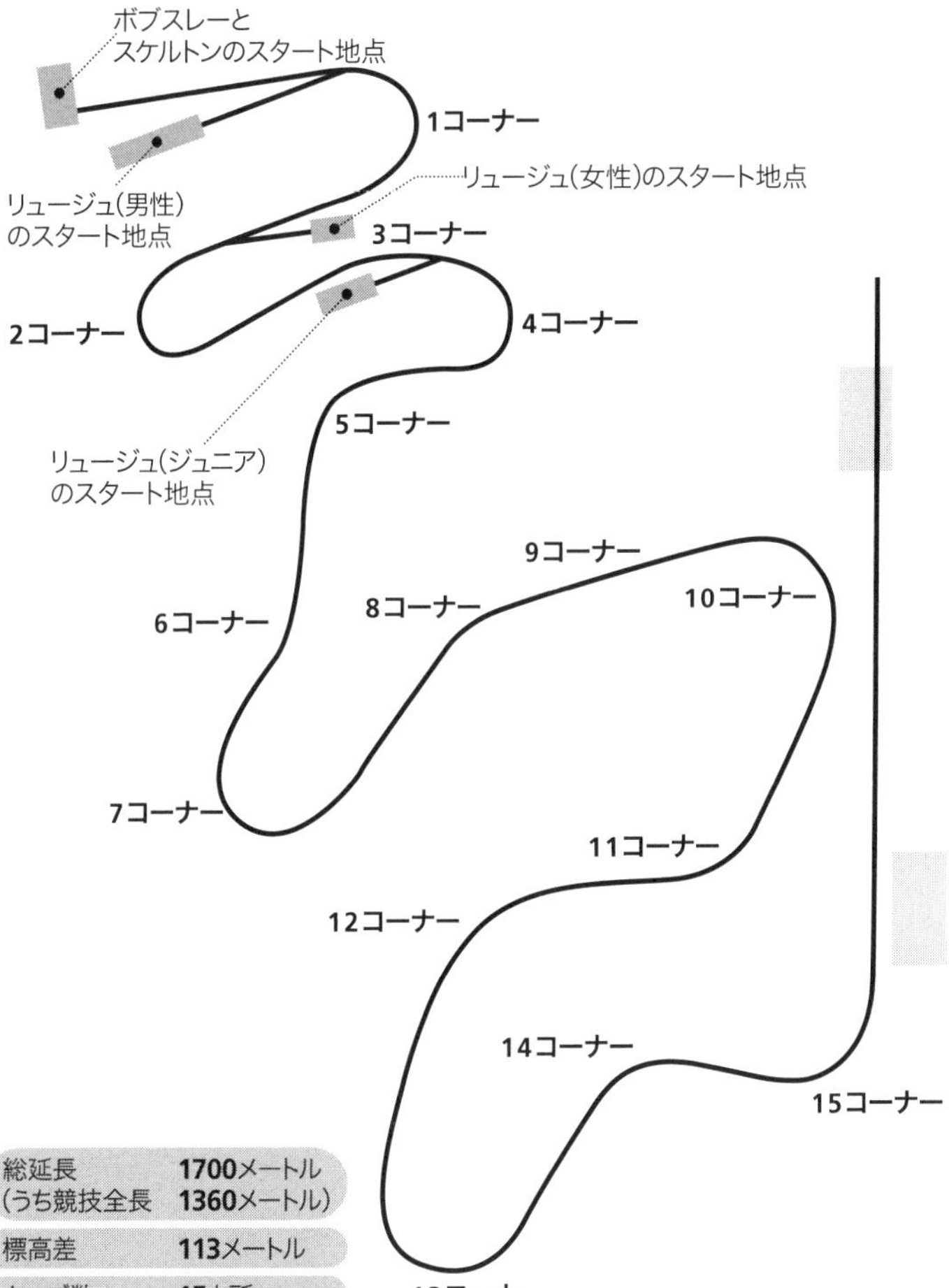

総延長	**1700**メートル
(うち競技全長	**1360**メートル)
標高差	**113**メートル
カーブ数	**15**カ所

レーは選手とソリの総重量が重いほうが加速がつきやすく有利だから、体重制限が決まっているのだ。

一方、ボブスレー本体は、軽いほうがスタートダッシュで加速しやすい。そこで、「ボブスレーは軽く、選手の体重は重く」が理想とされてきて、この合計が制限値より大幅に軽い場合は重りを載せる場合がある。

順位は、2日間で合計4回滑走して決める。長い間の血のにじむような努力が、全4回の滑走にかかる。

ボブスレーの選手の経歴を見ると、陸上競技で鳴らした人が多い。そんな選手が体重を増やそうとウエイトトレーニングをし、常人では考えられないほどのカロリーを摂取して筋骨隆々となる。そして、その中でも実績を残した選手がオリンピックに選ばれ、滑走するのはたったの4回。改めて、スポーツの世界は厳しいと実感する。

ハンデを負ってきた日本のボブスレーチーム

日本チームの歴史も長い。冬季オリンピックで日本がボブスレー競技に初めて参加したのは、1972年、札幌で開催された第11回オリンピック冬季競技大会。

それ以来、日本代表は1976年インスブルック大会、1980年レークプラシッド大会、1984年サラエボ大会――とすべての大会に代表選手を送り込んでいる。最高成績は札幌大会の12位。以降は15～20位くらいの成績を収めている。

のちに私たちの仲間になってくれた、88年カルガリー大会から98年長野大会までオリンピック4大会連続出場を果たした元・ボブスレー日本代表選手の脇田寿雄さんいわく、競技の成績は「スタートダッシュ」「パイロットの技術」、あとは「ボブスレーの性能」で決まると言っていい。彼いわく、先の3つの要素それぞれを100点満点とすると、ドイツなどヨーロッパのトップチームは290点くらいのレベルで戦っているという。

そして日本勢は、3つの要素のうち「ボブスレーの性能」において劣勢を強いられてきた。

たとえば、2010年バンクーバーオリンピックに臨むときの話が当時の朝日新聞に出ていた。

強豪国は700万円以上もする新型を手に入れ、これを選手の体格に合わせ、改造してくる。だが、日本チームは財源が限られるため、古いソリの性能アップに取り組むしかない。彼らが取り組んだのは、何と、98年長野オリンピックの前から使っている「年代物」

の改良だった。

日本代表の石井和男監督は次のようなコメントを残している。

「こんなに古いソリを使っているチームはないですね。中古車とスーパーカーが戦っているようなものですよ」

残念ながら、ドイツやスイスなどのように、オリンピックに向けて自国で製造することもできない。さらに言えば、強豪国のソリにはスポンサーのステッカーが貼られているが、日本のソリはほぼ「むき出し」だった。

それでも、日本のボブスレーの選手たちは戦ってきた。ランナーを動かすステアリングなどの性能を高め、旧式のソリで対抗しようとしたのだ。苦肉の策も打った。

一般的に、ボブスレーは総重量が大きいほうが有利とされる。欧州では、ボブスレーの素材にカーボン（炭素繊維）を使って軽量化し、かわりに選手の体を筋肉の鎧で覆って体重を増やす方向が模索されてきた。

一方、日本はボブスレーが繊維強化プラスチックというカーボンに比べると重い素材を使っていた。ただし、日本の選手は体重も多くはない。だから、あえて軽いボブスレーはつくらず、昔のままのボブスレーで行こう、としていた。しかも、ボブスレーの改造費も、みんながんばって出していた。バンクーバーオリンピックのときの予算は１５０万円。

監督は、三重県鈴鹿市でカスタムカーの製作をしている会社にボブスレーの改造を頼んでいた。監督は「世界にひとつしかない部品をつくれるここなら、ソリの改造も可能だと思った」と仕事を依頼。

ようするに、改造費を出すだけでもやっとで、その改造費をつぎ込んでも足らず、三重県の企業もまた、採算度外視で仕事を請け負っていた――そんな状況だった。

強豪国にはスポンサーがついていて、素材も最新、風洞実験などの研究も万全、資金面もまったく心配ない、という状況で代表チームをサポートしていた。

ドイツとアメリカのチームには「ＢＭＷ」、イタリアには「フェラーリ」、イギリスにはＦ１チームの「マクラーレン」がついている。それだけ、ボブスレーという競技自体が人気で、だから注目が集まり、スポンサーもつき、さらにボブスレーの人気も高まる、という好循環のもとにあるのだろう。

サポートも万全だ。ソリは選手から寄せられる細かい要望に沿ってつくられ、同じメーカーであっても、ソリの形状は微妙に異なる。当然だが、素材や形状は日々マイナーチェンジを繰り返し、風の抵抗を受けにくく、滑りがいいものができてくる。

だから、資金力を持つ欧州や米国のチームは、オリンピックが近づくと新型のソリに買い替える。

しかも、何台も購入し、その中から最も滑るものを選んで、オリンピックへ出場するのだ。

たとえばロシア代表は、約1億円の予算で新しいソリを10台、ランナーを25セット一度に購入した。

なぜそんなにランナーを買うかと言うと、ランナーは10セットに1セット程度しか、滑りのいいものがないからだ。しかも、たくさん持っていたほうがよい。気温や氷温、コースの形状などさまざまな条件によって、その場面ごとにどのランナーが有利かは異なるのだ。

いわば、F1チームが路面の状態に合わせ、タイヤを履きかえるようなものと考えていい。最終的には100分の1秒単位の差とはいえ、国際大会ではその微妙なタイム差を競うため、どのチームも非常に気を使う。

そして、このランナーにしても、滑りがいいものは強豪国の選手たちが優先的に使える構造ができあがっている。なにしろ、相手は国家プロジェクトとして強化してきているのだ。すべてが手弁当の日本とはケタが違う。

悔しいではないか。

尋常ではないレベルのトレーニングに打ち込んでいる日本の選手たちに、最高のソリで戦ってほしい――そんな思いは、この現実が広く知られれば、国民的な思いにもなるのではないかと感じた。

初めての「囲み取材」

そんな状況の中、2012年5月23日、われわれはパシフィコ横浜での記者会見に臨んだ。

私が驚いたのは、メディアが7社以上集まってくれたこと。私は正直「こんなことで、こんなに集まってくれるの!?」と驚いた。

なぜって、まだなにもできてない。私も、小杉クンも、誰も有名な人などいない。日本ボブスレー連盟も動いてはいなかった。にもかかわらず、テレビカメラが来て、私は記者からの、いわゆる「囲み取材」を人生で初めて経験した。

これは、正直言うとテンションが上がった。私が話し始めると、記者の方たちが忙しそうに手を動かし、メモを取っている。カメラの列に囲まれ、フラッシュをたかれ、この瞬間だけ、有名人になったような気分だった。

まだ私たちは準備段階で、肝心の「下町ボブスレー」はこの世に存在しなかった。ご想像いただけるだろうか？　そのときのうれしさと、「いや、実績はまだまだこれからですから」というプレッシャー。


記者会見での私からの話の内容は、前章でお話ししたことと同じだった。「大田区の現状を変えていきたい」「それが日本のモノづくりのためにもなる」「マイナースポーツだから、盛り上げていきたい。世界戦をめざすよ！」といった話だ。

すると、記者から質問がきた。

たとえば「オリンピックに行く可能性は？」と聞かれた。心の中で「わかんない。わかるわけない」と思いながら、結局「まだ可能性はわからないけど、めざすのは確かです」とお話しした。

そう、われわれは挑戦する。まだ見たことのない世界に対し、恐れを抱かず、進んでいく。下町・大田区の中小企業連合で、ＢＭＷ、マクラーレン、フェラーリといった世界の超一流に挑む。成果がいかほどのものになるかはまだわからない。

挑戦者が、謙虚である必要はない。

人を巻き込む。人を動かすのだ。最初はお金がなくても、大義名分があり、大きな夢があれば、人は動くということを誰かに伝えたかった。ならば、大きな夢を描いて見せるのは、むしろ、何かやろうとする者の義務ではないか。

同時に、嘘をつかないのは当然として、体裁を繕うことすらよくないと思う。

たとえば、うまく体面を保つために「青が好きな人集まれー」と言って、その結果、青が好きな人が集まったとする。しかし、頭をかきながら「本当は赤なんだよね」と言ったら、これは一番、ギクシャクする。自分は自分のままでいたいし、いなきゃダメ。

だから、このプロジェクトに合う人と、合わない人がいていい。さらには、興味がある人・ない人、共感を持って支援してくれる人・そうでない人、途中から加わる人、いろんな人たちが集まって、それぞれの役割を果たしてくれれば、それでいいと思う。

私は、このようなプロジェクトには「入口は広く、出口も広く」という姿勢で臨んだほうがいいと考えている。どのタイミングで、誰が加わってくれてもいい。残念ながら忙しくて抜けたくなったら、それは仕方がない。

とくに下町ボブスレーの場合、参加者の多くが経営者で、対等な関係だ。力を持った誰かが仕事を強制するというような関係ではないのだ。みんなが目的と、目的を果たすための道のりを共有し、「やらされている」でも「やっている」でもなく、「やりたい」という思いで動いてくれていないと、最後の最後で「バカバカしい」となってしまう。

だからこそ、「なにをしたいか」というピュアな思いを訴え、それに共感し力を貸してくれる人たちを集めることが大切なのだ。

基本的に、会社組織もボランティアも同じで、本人たちがやりたいようにやっていて、それが達成されるべき目標に進んでいるのが一番いい。みんな嫌なことをがんばっているわけでなく、好きなことを楽しんでいる状態だ。

よく、経営の場面で「お金はモチベーションを上げることはない。ただし、モチベーションを下げる要因にはなる」と言う。まさにこれと同様で、お金があれば人が動くわけではないし、お金がなければ人が動かないわけでもない。それが、人間の面白い部分であり、人の文化が「儲けることが人生の目的じゃないんだぜ！」という多様性を持っている理由でもあるのだろう。

記者会見が終わると、私も、小杉クンも、みんなドッと疲れが出る——どころか、テンションが大いに上がりっぱなしだった。小杉クンが見ていた夢は、私が見ていた夢と同じで、それは同時に、大田区の、日本の夢だったのだ。

プロジェクトが注目を集め始めた！

同時期、われわれは下町ボブスレープロジェクトにとって広報がどれだけ大事か身をもって知ることになった。

われわれの取り組みを情報発信した結果、記者会見に先立ち、東京新聞が下町ボブスレーの情報を記事にしてくれたのだ。しかもなんと、1面である。目が飛び出すかと思った。「五輪目指し『下町ボブスレー』国産マシン開発　町工場滑り出す」という見出しが躍っている。

しかも、驚愕したのは東京新聞のテレビCMだ。女優の吉瀬美智子さんが「私もファンです」と言いながら、新聞を手に持って読んでいる。その新聞こそまさに、「下町ボブスレー」の記事が1面に載った、2012年5月21日付けの東京新聞なのだ。

私はこれを、ソファに腰かけ、自宅のテレビで見た。その瞬間、「オョョョョョーン!?」という奇声を発しつつ、まるでバネ付きの部品かなにかのように飛び上がった。吉瀬さんの美しい笑顔の隣に「下町ボブスレー」の文字が躍っているではないか。「私もファンです」

という言葉は、当然だが、東京新聞を指している。しかし、まるで私には、吉瀬さんが下町ボブスレーのファンになって、われわれの活動を大きく広めてくれているように思えた。

先日、取材に来てくれた東京新聞の記者さん、やってくれたな。これはきっと、意図的にやってくれていることだろう。でも、あえて言わず、こういう形で驚かせてくれるなんて、なかなか洒落た方だなぁ。そう思った。

同時に、このあたりから、われわれは焦り始めた。これは絶対に成果を出さなければならない。ギアが徐々にトップに入ってくる。

ご縁はそれだけではなかった。

日本国際工作機械見本市「ＪＩＭＴＯＦ」の担当の方からお電話をいただいたのだ。ＪＩＭＴＯＦの会場に下町ボブスレーを展示しませんか、というのだ。

しかも、お金では買えない展示会の一番目立つブース、相撲会場の升席のような場所に、われわれがつくるボブスレーを置かせていただけるというのだ。聞けば、前回は日本が世界に誇る名車・日産ＧＴ－Ｒのエンジンをバラし、組み立てる作業の実演が行われていた場所らしい。

タイトルは、企画展「町工場が冬季オリンピックの舞台でフェラーリに挑む。下町ボブスレー誕生物語」。われわれのボブスレーを展示し、日本のモノづくりの底力と、世界に挑むワクワク感を伝えたいとのことだった。

下町ボブスレーが華々しく展示されたＪＩＭＴＯＦは、２０１２年の11月1日〜6日に東京ビッグサイトで開催された。

工作機械とは、まさにわれわれモノづくりに携わる人間とは切っても切り離せないものだ。削る、磨く、測る、曲げる——そんなさまざまなニーズにすばやく応えられるのは、工作機械が進化しているからこそ。われわれモノづくりに携わる者にとって、ＪＩＭＴＯＦは「近い将来、こんな工作機械ができますよ」「だから、こんなものがつくれるようになるかもしれませんよ」という、いわば工作機械のモーターショーのようなもの。モノづくり関係者の祭典、中でも世界最大級の祭典だ。

そのＪＩＭＴＯＦの方からお電話をいただいたとき、私は信じられず「本当っすか？」と言ってしまった。ご連絡をいただいているのだから、本当に決まっている。なのに、信じられなかったのだ。

ＪＩＭＴＯＦの方が、下町ボブスレーを盛り上げるために協力してくださる。その話を聞いた瞬間、私は不覚にも目頭が熱くなった。

物事は、こうして動いていくとわかったのだ。ＪＩＭＴＯＦの初日は11月1日。オファーをいただいたのは、6月はじめ。ただし、まだ〝モノ〟は影も形もない。しかし、少し背伸びをしてみたからこそ、動いたのだ。

挑戦する心に、人は響き合うのかもしれない。

力を貸してくれた最高のパートナー

実は、すべてがこの調子だった。

すでに少しお話ししたが、下町ボブスレーの「カウル」は炭素繊維強化樹脂（ＣＦＲＰ）でできていて、大田区にこのＣＦＲＰの形成技術を持つ企業は私が知る限りない。とすると、これはどなたか、ＣＦＲＰの技術を持っている企業にお願いするしかない。そして、われわれは考えうる限り最高のパートナーに恵まれていた。

滋賀県米原市に本社がある「童夢カーボンマジック」の奥社長だ。その後、「童夢カーボンマジック」は東レ傘下に入り、「東レ・カーボンマジック」と社名変更し、現在、奥さんは同社で副社長を務められている。

奥副社長は、速く動くものの美しさに魅了され、青春をカーレースに出場する車の設計・製作に捧げてきた人物だ。レーシングカーの分野で知られていた「童夢」入社後、ル・マン24時間レース出場マシンなどの設計に従事し、２００１年にはＣＦＲＰの将来性に着目、これを加工する「童夢カーボンマジック」の設立に奔走し、初代社長に就任されている。

さらに、奥副社長は長野オリンピックを控えた１９９５年、日本ボブスレー連盟からソリの製造依頼を受けたこともあったが、このときは残念ながら、形にするまでには至っていなかった、という経験をお持ちだ。

その奥副社長に動いていただければ、これほど心強いことはない。

そこで、われわれはまさかの突撃を敢行した。大田区産業振興協会のビジネスサポーターをしている「ＩＲＯ」の井上久仁浩さんが、「童夢カーボンマジック」が航空宇宙展に出展をされるという情報をキャッチし、会場を訪ね「大田区でボブスレーをつくろうと思っているんです」と話を切り出したのだ。

その時点で、奥副社長はピンときたらしい。大田区のモノづくり従事者にとって「大田ブランド」はかけがえのないものだが、それがいま、衰退の危機に瀕している。われわれは、ボブスレーをつくるという目標を持って動いている。ただし、大田区は金属加工のメーカーはあっても、ＣＦＲＰを加工できる企業はない――。

奥副社長は、二つ返事で「やりましょう」と答えてくれたという。「自分は速いものつくって勝てばいいんだ」と言ってくれたそうだ。

これを「カッコいい」と言わず、なんと言おう。まずは、好きなことをやる。好きだからこそ、徹底的にやる。結果は、自分が走った後についてくる。そんな人生観がにじみ出てくるような言葉だと思う。

ほかにも、ボブスレー日本代表選手だった脇田さんなど、われわれは、いくつもかけがえのない出会いを果たしていた。たぶん、われわれが大きな夢を持っていたからだと思う。われわれが儲かるとか、そんな小さなことは「夢」ではない。

「夢」とは、日本全体が、いや、もしかしたら世界がもっともっとよくなる、そんな、みんながうれしく思い、みんなが共感してくれるもの。そんな「夢」は、帆を上げると、風を受けて動き始める。

下町ボブスレー1号機の製作に着手！

ボブスレーの製作はまず、当時の「童夢カーボンマジック」の工場を見学に行くことから始めた。ここで、奥副社長から聞いたのは「私以外に、ボブスレーにかかわった職員は

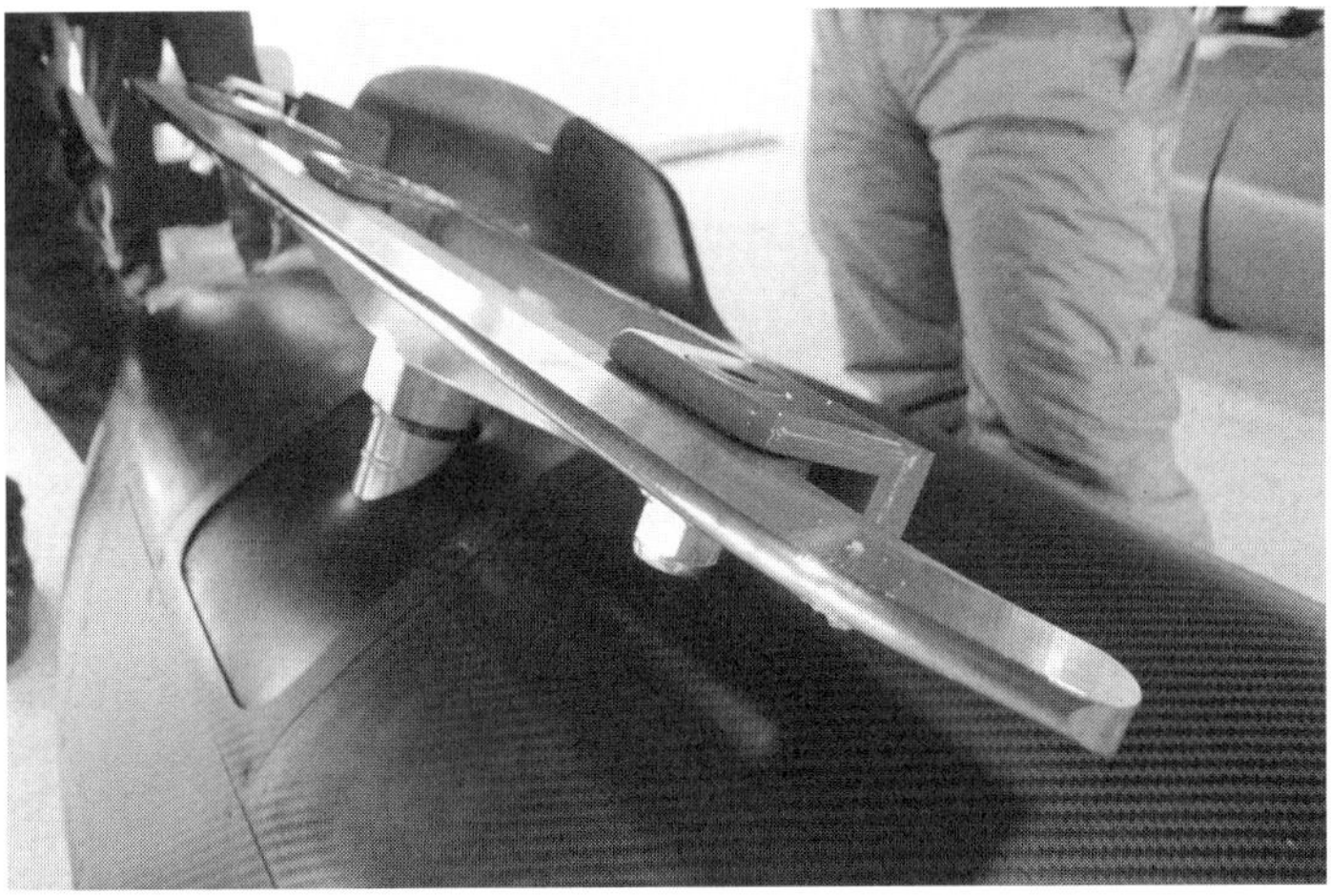

ボブスレーの「ランナー」。ボブスレーにはこのような刃が4本ついていて、氷の上を滑走する（提供：下町ボブスレープロジェクト）

もう誰もいない。現物がないとダメ」ということだった。

そこで、奥副社長がつてをたどってくださり、われわれは仙台大学ボブスレー・リュージュ・スケルトン部にボブスレーを貸していただけるよう依頼することになった。

その後、仙台大学からボブスレーを無事に借りることができたわれわれは、5月の外部向け発表会までに、そのボブスレーの調査と計算を終えていた。予定では、7月末に1号機の形状を決定し、9月までに設計図を完成させ、最終的な実機のできあがりは10月末、という非常に短期間での挑戦だった。

初めてボブスレーを間近で見ると、さっ

そく、モノづくりを生業とする者のカンが働いたことを覚えている。

氷の表面はツルツルだが、凹凸がないわけではない。いや、むしろ細かい凹凸だらけだ。その衝撃は、自動車のタイヤのような役割を果たす「ランナー」（前ページの写真）を経て、ボブスレー全体に伝わる。だから、ソリには雪面からの衝撃を吸収する装置がついていた。これを見て、ソリがジャンプをすると、着地の衝撃でソリがバウンドしてタイムロスにつながるのだろう、と考えた。

スキーでも同じだ。単に飛び上がるのはいいが、ヒザを使って上手に接地しなければ、タイムロスにつながる。そのヒザにあたる部分が、衝撃を吸収するバネなのだろう。

とすると、われわれの力で、この衝撃吸収力を高めることはできないだろうか？

なにしろ、われわれは大田区のモノづくりのプロだ。どんな形にすべきかさえわかれば、それがどれほど難易度の高い加工品であっても、きっとみんなでなんとかできる。衝撃に耐えるのであれば、硬ければいい。しかし、そんな単純なものではないだろう。きっと、たわむ部分もあり、あえてしなる部品を使っているところもあるに違いない。

こうして、完成品からさかのぼって図面を引いていく作業をわれわれモノづくりの世界では「構造把握」とか「リバースエンジニアリング（Reverse Engineering）」と言う。設計図はないが現物があるというようなとき、機械を分解したり、製品の動作を観察するなどして、動作原理を学ぶのだ。

次に、これをもとにまずは1号機をつくらなければならない。

奥副社長にお願いしたのは、もちろん、カウルを形成するCFRPだ。彼らは、カーレースの経験を惜しみなくつぎ込んでくださった。

4月、記者会見に先立ち、われわれは仙台大学が所有するソリを「東レ・カーボンマジック」へ持ち込んで分解し、その構造を徹底的に調べていた。その機体は、白と青葉を思わせる緑が配され、美しい桜の花びらがちりばめられたボディだった。

最初に調べたのはボディの形状だ。まず、ソリの風洞実験を行った。

「東レ・カーボンマジック」には、風洞実験施設「風流舎」がある。国内最大規模の自動車用模型風洞実験施設だ。仙台大学のボブスレーを運び込み、どの程度の風をあてると、車体にどのような圧力がかかるのかを計測した。それだけではない。最新鋭の設備だから、車体が揺れたときにどのような圧力がかかるかも計算できる。

これに加え、奥副社長のご紹介で快く協力をいただいた企業「ソフトウェアクレイドル」のソフトも利用させていただいた。同社は、熱流体解析のソフトを開発・販売し、自動車メーカーなどに提供している。このソフトで、ボブスレーの空力をシミュレーションしたのだ。その工程は、われわれ町工場の人間にとって大変勉強になった。

なにからなにまでが、初めて体験することだったのだ。まず、ボブスレーの形状を3次元CAD「CATIA V5」でコンピューターへ読み込む。そして、「SCRYU/Tetra®」というソフトで解析する。

モータースポーツでは、風の動きによる作用を2種類に分けている。

まず、前方から風を受けると速度が下がる。これを抵抗係数・CD値と呼ぶ。

続いて、上下の動きは、揚力係数・CL値という数字で計る。風の抵抗で車体が浮くなどしてはよくないからだ。

奥副社長いわく、「レースに出る車を設計するときは、まず揚力係数を調節し、次に抵抗係数を下げる」という順番で検討を進めるらしい。

しかし、ボブスレーの場合にはプラスのCLが発生してソリを持ち上げるようなことがなければ、影響はさほど大きくないらしい。そこで、ますはCD値を下げに下げることで走行タイムを向上させよう、となった。

ただし、大会のレギュレーション(規則)をクリアしなければならない。細かい数字は割愛するが、ソリの重さ、長さ、幅などが、決められた範囲内に収まっていなければボブスレーの大会へは出場できないのだ。このレギュレーション内で最高のポテンシャルが発揮できるよう、数値を変えられる部分を14カ所設定した。

いよいよ設計図が完成間近に！

「ソフトウェアクレイドル」のソフトの性能はすばらしかった。

ソリは左右対称だから、計算を簡単にするため、コンピューターの中で、ハーフモデル（半分の形状）をつくる。

曲線でできた面を網の目状の直線で描き出したコンピューターグラフィックを見たことはないだろうか？ コンピューターで構造解析や流体解析を行うには、曲線でできた面をギザギザした極めて短い直線の組み合わせで表現しなければ計算はできない。これを「メッシュ分割」という。

「ソフトウェアクレイドル」のソフトは、半分に切った形のボブスレーを約1000万要素に分割した。つまり、複雑な曲線を約1000万もの平面で表現したのだ。

そのメッシュ分解されたボブスレーをもとに、どんな形にするとCD値とCL値がどのような値になるかを計算し、解析していった。

実は、このときの計算が神がかっているのだ。1つの計算に、パソコンの約10倍の処理能力がある大型コンピューターを利用しても、1時間半ほどの時間を要する。それを何十ケースも試し、さらに最新の最適化技術を利用しながら、最も空気抵抗の小さいボディ形状を導きだしていく——。これはもはや、異次元の技術と言っていい。つくってもいないものが、何キロで動くとどのような空気抵抗を受けるかわかるのだ。

その結果、興味深い結果が出た。

たいてい、速いものの先端はとがっている。より鋭くとがっているほうが抵抗は低くなる、と思うかもしれない。ところが、今回の解析結果を見てみると、先端が丸みを帯びていたほうが、抵抗係数・CD値が低いという結果が出た。

たとえば、大型タンカーの先端部分は球形になっている。新幹線だって、0系というモデルの先端はやはり球形だった。ボブスレーでも、同じなのだ。

しかし、先端は球形がいいといっても、どの程度の球形が望ましいのか。「ソフトウェアクレイドル」のソフトがすごいのは、そこまできっちり計算してくれることだ。「東レ・カーボンマジック」では、このような「数値流体力学」も含めた空力開発のコンサルティングも請け負っているという。

われわれ町工場に、こういった技術はない。私は、ただひたすらにありがたいことだと思って構造解析の結果を待った。

ここで、賢明な読者の皆さんは感じるかもしれない。下町ボブスレーと言いながら、カウルは滋賀県の企業である「東レ・カーボンマジック」に助けられてばかりではないか……。実は、ここまでは「そうです」としか言いようがなかった。だが、奥副社長はそんなわれわれを見て、こう言ってくださったのだ。

「私はあくまで裏方に徹しますよ。今回の主人公は大田区の下町の皆さんです。私が目立つようではいけないと思う」

奥副社長だけではない。「ソフトウェアクレイドル」の皆さんは、その後「設計・製造ソリューション展」などのイベントに出展される際、「下町ボブスレー」のTシャツを着てお客様を迎えられるなど、その後も有形・無形の援助を続けてくださっている。

よく、スポーツ選手が、結果を出したときや引退するときに、ポロポロと涙をこぼす。それはきっと、そういった裏方のみんなの夢が彼らの肉体に乗り移っていて、選手の脳裏には、そんな裏方のみんなの顔・顔・顔が映画のラストシーンのようにぐるぐるとめぐるのではないだろうか
「ソフトウェアクレイドル」の吉川淳一郎さんは、こんな話をしていたことがある。

「ありがたいことに、こういう大きなプロジェクトへの協力依頼は多くいただきます。でもさすがに『オリンピックをめざす！』というものは初めてだったので、興味がわきました。それに海外のチームは、BMWやフェラーリ、NASAなどが開発した高性能のマシンを使っているのに対し、日本は外国製の型落ち版を使用しています。今回国産のソリをつくるということで、私たちも日本で数少ない科学技術計算専門のソフトウェア開発会社としてなんとかしたいという思いが芽生えていったんです」

「ソフトウェアクレイドル」は全社をあげ、協力態勢をとってくださった。

「（みんなが前向きになってくれたのは）やはり『オリンピック』というキーワードが大きかった。当社のソフトウェアを使ってオリンピックに出場したとなれば、大きな宣伝効果になります。この話をいただいたあと、まず社内で誰に相談をするべきか考えました。はじめに全部署のトップに『企業プロモーションの一環として、このプロジェクトにかかわりたい』と話をしたところ、『こういうものは積極的に取り組んだほうがいい』と前向きな返事が返ってきて、動くことができた。当初私は『業務に差し支えのない範囲で取り組みたい』と言ったんですが、経営陣も『かかわるなら業務としてしっかりやろう』と理解を示してくれて。それで思いっきり取り組むことができたんですね」

さっそく成果が出た。解析結果を見て、モデリングに反映させ、また解析、反映……といった作業を加えて最適化をしていくと、なんと、ＣＤ値は仙台大学からお借りした機種に比べ20％以上削減できたのだ。

しかも、仕事のスピードが速かった。

仙台大学のボブスレーのリバースエンジニアリングを開始したのは、２０１２年3月からだった。その後の4月に「ＳＣＲＹＵ／Ｔｅｔｒａ®」による既存機種の解析を実施し、その後、ベースとなるモデルの設計をし、これを解析し、形状最適化を行っていった。そのあと、7月には製造に取りかかることができたのだ。

正直な感想を言いたい。これもまた、いままで幾多のレースに参戦し、車体を何度も設計してきた「東レ・カーボンマジック」の皆さんの力と、「ＳＣＲＹＵ／Ｔｅｔｒａ®」という強力なツールがなければ、これほどスピード感のある仕事は実現できなかったはずだ。

その後、２０１２年9月5日、下町ボブスレーの広報を担当してくださっている大田区産業振興協会の奥田耕士さんが、フェイスブックでこんなつぶやきを残している。

「大田区の町工場が冬季五輪に挑む『下町ボブスレー』。作戦会議なう。部品の図面が完成間近」

「いいね！」はたった5件しかついていない。町工場の活躍は、まだまだこれからだった。

［夏目幸明のコラム2］

「いつかボブスレーをつくってみたかった」

奥　明栄（東レ・カーボンマジック 株式会社）

奥明栄氏が下町ボブスレーにかかわることになったのは2011年秋。ちょうど、大田区産業振興協会の小杉聡史氏が細貝淳一氏らを訪ね、参加を要請していた時期だ。

奥氏は現在、「東レ・カーボンマジック」の副社長を務めるが、当時はまだ「童夢カーボンマジック」の社長だった（「童夢カーボンマジック」は2013年4月に東レの傘下に入り「東レ・カーボンマジック」となった）。

奥氏によれば、出会いは突然だった。当時、「童夢カーボンマジック」は東京ビッグサイトで行われていた『東京国際航空宇宙産業展（ASET）2011』に出展していた。そこへ、大田区産業振興協会のビジネスサポーターを務めているコンサルタント会社「I－RO」の井上久仁浩氏が訪ねてきたという。

「私が1時間くらいの予定で展示会場をちょうど訪れたタイミングで、『ちょっといいですか』と話しかけられたんです。そして、『ボブスレーをやろうというところがあるんです』『国産で、オリンピックをめざします』というお話を聞きました。井上さんは、15年ほど前、私がボブスレーの開発計画に加わったこともご存じで、『だから奥さんのところへ相談に来た』とおっしゃっていました。

『なるほど、やるなら協力しますよ』とお返事をしましたね」

「童夢カーボンマジック」には、1998年の長野オリンピックの際に、途中まで国産ボブスレーの開発を試みた経験があったのだ。

「長野オリンピックのときも同じように、日本ボブスレー・リュージュ・スケルトン連盟にかかわりのあるコンサルタントの方からご連絡をいただきました。その方によると、『ソリをつくろうと思っても、どこかに〝ソリ屋さん〟があるわけじゃない。海外の事例を見れば、ボブスレーをつくっている企業は、レーシングカーをつくっているところが多い。だったら、日本なら童夢かな』というような経緯だったようです。

実際に、レーシングカーとボブスレーは、『軽くし、空気抵抗を抑えなくてはならない』といった技術的な共通項が多いんです。長野オリンピックのときは、まだコンピューターソフトを使って流体解析をする技術はなく、風洞実験だけで仮説を立てていましたが、素材はいまとさほど変わりません。炭素繊維強化樹脂（ＣＦＲＰ）と鉄です。長野オリンピックの話が実現まで至らなかったのは、日本ボブスレー・リュージュ・スケルトン連盟内の資金的な問題です」

下町ボブスレープロジェクトに参加した理由を「そりゃ、つくりたいから、つくっているんですよ」と語る奥氏。「東レ・カーボンマジック」では、最終的にＣＦＲＰで製作したカウル（カバー）部分を木型代などの実費のみ（設計と風洞実験は無償）でつくり、下町ボブスレーに提供することになる。

奥氏は、下町ボブスレープロジェクトの立ち上げ当初から、協力を惜しまなかった。

「まず、大田区からの『メンバーを集めるから、ボブスレーがどういうものなのか教えてください』という依頼がありました。そして、『大田区産業プラザＰｉＯ』に出向き、10人くらいを前にボブスレーの一般的なポイントについて話をしました。

「細貝さんが委員長になる前でしたね。その時点では、大田区の皆さんは私に対して『昔の図面を持っているんじゃないか』『すぐにでも設計図がつくれるんじゃないか』という期待をしていたようでした。しかし、それにはお応えできませんでした。

長野オリンピックをめざしてボブスレーの開発を行ったのは、15年以上昔の話です。当時の資料は散逸し、いまはもう頭の中の知識しか残っていなかったんです。

最初のうちは、大田区の皆さんも、ボブスレーについて私が話す内容をほとんど理解できなかったのではないでしょうか。『大田区のモノづくりは図面ベースなんだな』と感じたのを覚えています。初めてのことなのだから、無理もありません。でも、とにかく意気込みは感じました。

そこで、私は『これはある程度こっちで形を整えないと進まないな』と覚悟を決めたんです。長野オリンピックのときの経験はとても残念で、私もいつかボブスレーをつくりたいと思っていましたからね」

そうして、奥氏にとっての下町ボブスレープロジェクトは始まったという。奥氏はさっそく、元・ボブスレー日本代表選手の脇田寿雄氏（〈コラム3〉で詳説）やドイツ在住で元・リュージュ日本代表選手の栗山浩司氏（〈コラム8〉で詳説）をプロジェクトメンバーに紹介している。さらに、細貝氏が委員長に決まり、「図面をつくるなら新しいボブスレーを見てみたいね」という話になった際に、栗山氏を経由して仙台大学のボブスレーを借りる手配をするなどもしている。

「仙台大学のボブスレーを滋賀県米原市にある『東レ・カーボンマジック』に持ち込み風洞実験を行うと同時に、流体解析の国内随一の技術をもつ『ソフトウェアクレイドル』さんにも加わっていただきました」

では、そんな奥氏の情熱の源はなんなのだろうか。

「速さだけでなく、極限まで考え抜いて、性能を高めることに興味があるんです。レーシングカーなら速さ。工作用の機械なら、使いやすさかもしれない。性能を高めるために、あらゆる手を打ち、ときには新しい形を創造する、そういう『カッコいいモノづくり』をやりたいんですよ」

子供のころから速いもの・速い機械にあこがれていた奥氏は、自動車部に所属していた同志社大学在学中から、レーシングカーの開発などを行っていた「童夢」でアルバイトをしていたという。そのまま就職し、今日に至っている奥氏の前に、下町ボブスレーのカウルにも使われている夢の素材「ＣＦＲＰ」が現れたのは１９７０年代のことだったという。

「１９７０年代から１９８０年代にかけて、徐々に人工衛星などで利用され始めました。最大の特徴は軽さで、鉄はもちろん、軽い金属であるアルミなどよりも軽い。さらに、強度や弾性率（変形しにくさを表す数値）にも優れ、鉄と比べると強度は約10倍、弾性率は約7倍に達する。しかも、金属でないＣＦＲＰは金属疲労を起こさず、さびません」

ＣＦＲＰとの出会いを、奥氏は次のように振り返る。

「日夜、速い車をつくれないか考え、構造、形状、素材、すべてにおいて常に新しい情報をキャッチできるアンテナを張りめぐらせていたんです。だから、鉄がアルミに置き換えられていったときも、『もっと次はないか』『新しい素材はないか』と求めていました。そんな中、CFRPは有望だという情報をキャッチし、材料メーカーからCFRPのサンプルを取り寄せ、触ってみたんですよ」

切ったり、削ったり、たたいたりして成形する鉄やアルミに対し、CFRPは、素材が最初、繊維のため、かなり自由な形に成形できる。ただし、この新素材がすぐに使えるようになったわけではない。奥氏らは、1984年に「一度、バイクでつくってみよう」と考え、1年がかりでものにした。最初は成形法がさっぱりわからず、設備も、経験も、テクニックもなかったから、平らな板すらできなかった。しかも、安全性を重視しすぎたため、アルミでつくったバイクより重かった。

「金属なら『肉厚がこんなものかな』とイメージできましたが、経験がなかったため『CFRPならどうか』という発想ができなかったんです。だから、アルミより重かった（苦笑）。ただし、『うまく使えばすごいな』という実感はありましたね」

奥氏は、CFRPの異次元の性能を目のあたりにし、「たぶん、これと一生付き合ってゆくんだろうなあ」という感想を抱いたという。以来、彼はCFRPの将来性に着目し、

1990年代末から「童夢カーボンマジック」の設立に尽力し、2001年に初代社長に就任している。そして、その後培われた技術の粋《すい》を生かして、下町ボブスレーのCFRP製のカウルは「オートクレーブ成形法」でつくられている。

「まず、CFRPに樹脂を浸透させた『プリプレグ』と呼ばれるシートを型の上に置いて重ねていきます。プリプレグを重ねたときに入った空気は1層ごとに真空ポンプで吸い出します。『脱気』という作業です。そして、必要な板厚になるまで積み重ねたら、『オートクレーブ』という大型の圧力装置に入れて高温・高圧・真空で成形します」

これほどまでに重要な役割を果たした奥氏だが、下町ボブスレープロジェクトに対する感想を求めると、意外にも「大田区と組めたおかげでラクでした」という答えが返ってきた。

「私たちだけでもCFRPの加工はできたでしょう。しかし、プロジェクトを盛り上げ、マスコミに取り上げてもらい、有名になり、みんなを動かし、資金を集め……というところは、細貝さんでなければできなかったと思います。

これを全部やってくれているんですから、私はラクですよ（笑）。

プロジェクトリーダーは、目標を設定して、周知徹底して、みんなの気分を乗せていかなくてはいけませんが、細貝さんはトピックづくりが上手いですね。イベンターの要素がある。いつも、なにかと企画してみんなを動かし、興味関心を常に引き続けるんです。プロジェクトメンバーの気持ちが冷めないようにと常に気を使っている。

あと、細貝さんは物怖じしませんよね。プレゼンテーション能力が高く、誰をも引き込んでいく。経営されている「マテリアル」で今までやってこられた事業によって、広い人脈やネットワークもお持ちです。それを活用し、私自身ががんばらなくても、細貝さんが下町ボブスレーをオリンピックまできっと持って行ってくれる（笑）。

競争の世界でしか、気づかない、身につかない技術があるんです。レーシングカーは日々そういうことをやっていて、緊張感の中でトライして、失敗して、初めて技術が身につくわけです。その機会は、多いほどいい。『初の国産ボブスレーをつくってオリンピックをめざす』というのは、企業にとってかけがえのない経験ですよ」

第3章

総力をあげて高品質・短納期を実現！

平成版「仲間まわし」をつくろう

いま、大田区には2代目、3代目の経営者が増えている。継承は、大きな問題だ。

創業者は、2代目に事業を引き継げるようなビジネスモデルを構築し、取引先と長く続く信頼関係を築き、雇用体制を整えるなどして、がんばって自分の仕事、自分のスタイル、自分の城を築いてきたはずだ。

そんな創業者が築き上げた〝食っていける仕組み〟をいったん壊して、新しい時代のニーズに対応するというのは、ゼロからなにかを生み出すよりもかえって難しいのではないだろうか。先代から受け継いだ企業を潰してはならないと思うだろうし、失うものがある分だけプレッシャーも当然大きくなる。

しかし、ビジネスを発展させ、仕事をし続けていくには、失うものがあることを承知のうえで新たな一歩を踏み出さなくてはならないときもある。

なぜそんなことをしなければいけないかと言えば、時代は必ず、移り変わるからだ。父が築いた〝食っていける仕事〟は、いつか必ず古くなる。食えなくなる。

機械を例にあげるとわかりやすい。昭和の昔は、100万円くらいの機械を買えば、月に100万円も稼げた時代もあった。しかし、いまは機械を買おうと思えば価格は1000万円単位、しかも、利益は月に数十万円、ということが現実にありうる。

たとえば、「同時3軸」という、金属を立体的に削ることができる機械がある。1本の工具を縦と横(2次元)だけでなく、奥に向かっても動かすことができる。そのことによって3次元の形状を削り出すことが可能になったのだが、この機械が1台1500万円くらいする。

細かい話になるが、1500万円の機械を2%の利息でお金を借りて買うと、7年で償却した場合、最終的に支払うお金は利息込みで約1600万円になる。1年あたりにすると、228万5714円。これを12カ月で割り、営業日の日数の21で割り、8時間で割ると、1時間あたり1134円払うことになる。これに、私の経験上だが、機械の電気代1時間あたり300円、消耗品代が1時間300円かかり、それに、工場を借りていた場合は1時間600円くらいの場所代がかかる。ここまでで、合計2334円。

これに人件費が加わる。安く見積もっても、1カ月30万円。21日で割り、さらに8時間で割ると、時給1785円。すると、1時間あたりの合計が4119円。これが損益分岐点だ。

しかもいまは、同時3軸より複雑な形状の部品をつくれる「同時4軸」「同時5軸」が主流だ。同時4軸になると、同時3軸のドリルの動きに加えて、削られている金属自体が動く。さらに、同時5軸になると、ドリルと金属の双方がもっと複雑に動くようになる。そのため、軸の数が増えるほど、部品の輪郭、コーナー、曲面などを加工するときに高い精度が出せる。ただ、同時4軸、5軸の機械は3000万円、4000万円はする。

これらを導入すると、さらに単価の高い仕事を取ってこないと割に合わないことになる。しかし、同時5軸を使う仕事は世界全体を見渡しても5％程度しかないものだから、その設備投資を回収するのは並大抵のことではない。しかも、世界全体を見渡せば、部品の金額はどんどん下がっている。高い機械を入れれば、その能力に見合った高い仕事が来るというような時代ではなくなっているのだ。

ところが、最新鋭の機械を持っているというのは、町工場のアピールポイントとしてわかりやすい。そのため、つい同時5軸の機械がほしくなってしまうのだ。

大田区を見渡すと、高価な機械も含め、動いていないたくさんの機械が存在しているはずだ。私は、それらの機械の稼働率を上げるだけでも、意味のあることなのではないかと考えた。

同時5軸の機械で同時3軸レベルの仕事をこなしたっていいじゃないか。とにかく質の高い仕事をし、よい評判をたくさん積み上げていくことだ。最初は安く引き受けたとしても、それをきっかけにして経験を積み、より単価の高い仕事——すなわち、ほかがマネできない仕事——を引き出していけばいい。

実は、下町ボブスレーのプロジェクトも、基本はこの発想に基づいている。みんなでコラボして、仕事をみんなで引き受け、分担すればよいのだ。

実際、下町ボブスレーに参加をしてくれた町工場のみんなは、そこから儲けを得ていない。それどころか、経費などを持ち出しで負担してくれている。しかし、大きな目標を掲げ、力を合わせて実行し、まずは大田区の町工場の実力を世界に知ってもらうことがなによりも大切なのだ。

また、「下町ボブスレー」はモノづくりのプロジェクトであると同時に、人間関係構築のプロジェクトでもある。平成版の「仲間まわし」ができる関係性を築き上げたいのだ。たとえば、最新鋭の機械を共有して使えるネットワークが築ければ、大田区全体で効率よく稼ぐことができるようになるかもしれない。

だから私は、この時点で、下町ボブスレープロジェクトを、まずはルールなきプロジェクトとしてスタートさせようと考えた。逆に、私は自分が委員長として前に出て、みんなに指示を出すような方法はとりたくなかった。誰がどんな部品をつくるのか、みんなで相談して決めたい。そうすれば、いままで顔を合わせたことがなかった人同士が話し合うことになる。すると、人間関係が生まれる。こうして築いた網の目状の信頼関係は、きっと大田区を強くするはずだ。

だから、下町ボブスレーの参加者には、煩雑な規制やルールを課さないようにした。設計図と納期と人間関係だけあれば十分だ。

ルールをつくらなければいけないのは、「自分が自分が」と他人を押しのけるような人間がいる場合だろう。だが、私は参加してくれる町工場のみんなを信じていた。儲けにもならないプロジェクトに喜んで参加してくれる人たちに、悪い人がいるだろうか。だから今回のプロジェクトでは、私がまとめはするが、「目標はここだよ。やり方は任せるよ」という方法をとった。大きな組織ならルールも必要だろうが、顔が見える範囲の組織には網の目状の信頼関係があればいい。そして、顔が見える範囲内にさまざまな技術を持った人間がいることこそが、大田区の強みだと考えた。

強いて言うなら、唯一のルールは「お金儲けの話はやめよう」ということ。誰かが得をしているとか、損をしているとか、そんな話はしないで、誰も利益は出さず、とにかくそれぞれができることを一生懸命やってくれたからこそ、結果的に下町ボブスレープロジェクトは盛り上がっていったのだと思う。

1号機をつくるために30社が集結

ボブスレーの構造解析を終えた「下町ボブスレー」チームが、一気に動き出したのは9月18日のことだった。私たちはこの日に向け、綿密なスケジュールを組んだ。

まず、その後も下町ボブスレーのエンジニアとして活躍してくれることになる「東レ・カーボンマジック」の糸川広昭さんと「マテリアル」の鈴木信幸さんが協力して1号機の図面をつくった。

仙台大学のボブスレーに使われていた部品は約200点。これを1カ月かけ、ノギスやマイクロメータなどといった専門的な精密測定機器で細かく計測した。そして、その計測値をもとにボブスレーを設計し直し、図面にしたのだ。

言葉にしてしまえば簡単そうに思えるかもしれないが、ここで細かく測定しておかなければ、あとで組み合わせたとき、部品同士がうまくかみ合わなくなってしまう。図面は、

2012年9月18日に行われた1号機部品協力説明会（提供：下町ボブスレープロジェクト）

モノづくりに携わる者の共通言語と言える。

誰が見ても同じ部品ができ、組み立て方がわかるようにするためには膨大な作業が必要だ。1号機の図面はおよそ150枚にも及んだ。「寝る間も惜しんで」という言葉がぴったりあてはまる作業だった。

そして当日は、大田区内で下町ボブスレーに協力してくれる企業――この時点で約30社あった――に大田区の産業支援拠点施設「大田区産業プラザPiO」（以下、PiO）へ集まってもらい、一気に図面をばらまく。机を並べ、図面を置く。そのうえで、参加企業に対し、「切削《せっさく》加工（金属を削る加工）の企業はこのあたりの図面を見てください、板金が得意な企業はこちら……」などと案内する。参加企業に図面を見てもらい、どの企業がどの部品をつくるか相談して決め、その図面を持ち帰ってもらおうとしていたのだ。その様子を取材してもらうために、マスコミへのニュースリリースも配布済みだった。

部品の締め切りは10月1日とした。だから、9月19日から9月30日までの12日間で部品をつくってもらうことになる。

日本国際工作機械見本市「JIMTOF」での展示は11月1日からだから、締め切りまで1カ月あるが、そこはリスクヘッジだ。

万が一、部品がそろわない場合は、マテリアルでつくるつもりだった。もし足りないのがウチにできない部品であれば、外注することになる。その場合、2週間はかかる。

つまり、もし10月1日に間に合わなくても、10月いっぱいあればなんとかできる、と考えたのだ。

9月18日の15時ごろ、私はできあがったばかりの図面——約150枚もの大きな束——を抱え、「P.i.O」に行った。

このときまでに、小杉クンはフェイスブック上に「下町ボブスレーネットワークプロジェクト推進委員会　～フェラーリに挑む　モノづくり大田区の戦い～」というページを立ち上げていた。その日の告知についている「いいね！」は、たった20件。火に例えるなら、まだ吹けば消えてしまうような小さな炎だった。

しかし、われわれは今日をスタートに、日本中の人たちが応援してくれるような状況をめざして、その小さな炎を燎原《りょうげん》の火のごとくしていくのだ。

ボブスレーのフレームづくりには、板金、バネ、溶接、研磨などが必要となる。「部品協力説明会」と銘打った会議の開催は17時からだった。開始時間が近づくにつれ、仲間たちが続々と、「P・i O」の3階にある特別会議室に集まり始めた。作業服を着た、飾り気のない連中が、お互い「よー、久しぶりだね」などとあいさつを交わし合い、次第に輪ができていった。

私は、自分に言い聞かせるようにして、考えた。この人たちが「やりたい！」と思ってくれるように持っていく。そうすれば、下町ボブスレーという集団は勝手に動き出す。組織とは、チームとは、そのエネルギー源となる炎をみんなが心に宿していなければ、ロクな結果は出やしない。

納期はたったの12日間

説明会の冒頭で、私は町工場の仲間たちを前に、いままでの経緯をお伝えした。まずはプロトタイプをつくること、仙台大学のこと、奥副社長のこと、そして空力的には大きく進歩していて、図面通りにできれば、理論上、日本の選手たちが乗っていたいままでのボブスレーよりもよい記録を出せるであろうことなどを話した。

同時に、気まずいが話しておくべきことがあった。協力してくれる企業に部品を無償で提供してほしいこと。しかも、それらが難しい部品であることも話した。カウルとランナーを結合するフレームは耐久性や強度を必要とし、ボブスレーを操縦する際に動かす部品は、反応をよくするために高い精度を要するのだ。また、「東レ・カーボンマジック」が作成してくださるＣＦＲＰ（カウル部分）と、われわれが加工する金属（フレーム部分）を結合する技術が重要だと話した。

最後に、一番心苦しかった納期の話をした。「たった12日間」という話をすると、会場がざわめいた。材料費は出ない、作業賃もダタ、なのに納期は厳しい。みんなが苦笑している。私も、言われたら苦笑するだろう。だが、こういった納期で動いてくれるのが大田区の町工場だし、むしろ、お金が絡まない仕事だからこそ、気持ちが冷めないうちに終えてもらおうと考えた。それに、納期が先だと、結局のところ、あとまわしあとまわしになり、納期間際には気持ちが冷めてしまい、精度が低かったり、納期に間に合わなかったりするかもしれない。それが人間の性《さが》というものだろう。

「いま、われわれの仲間として加わってくれたのは、この30社です。この仲間で、すべての始まりとなる1号機をつくりたい」

こう発言し、その後、切削、バネ、シャーシ（骨組み）などのさまざまなグループに分けたうえで、「それぞれの判断でどのグループに属するか考え、あとは誰が何をつくるかを話し合ってほしい」と伝えた。

この時点ではまだ、町工場の仲間たちも「で、俺は何をすればいいの？」という感じで、まとまりもなく、みんな戸惑ったような表情を浮かべていた。

しかし、そこは大田区の連中だ。それぞれが次第に「この穴はウチがやるよ」「ここは形としてもウチが得意だからさ」などと話がふくらんでくる。そして、作業服を着た社長たちが、図面を持って行く。私はなんとなく、学生時代の文化祭を思い出していた。

それぞれが得意なことや、やりたいことをやって、協力する。委員長などの言い出しっぺは、図面の中で誰もつくりたがらず、余ってしまった部分があれば、そこをやればいい。

みんなが話し合っている間、私は取材を受けたりしていたのだが、気がつくと部品の図面はほぼ〝売り切れ〟状態だった。みんなが「この部品はウチがつくる！」と図面を持って行ってしまったあとだったのだ。

みんな、好きなようにやっていた。「図面をもらったらすぐつくらなきゃ」という感じで帰っていった社長もいたし、図面がほとんどなくなり、閑散としたテーブルを挟んで世間話をしている社長もいた。

もちろん、マテリアルも部品をつくる。たとえば、フロントバンパーだ。航空機の部品のようなもので、形状が複雑なのに強度を落とせない。つまり、金属をつなぎ合わせてつくるのでなく、大きな金属をくり抜いてつくらなければならない。ちょっと面倒くさい部品ではあったが、ウチはこれをやらせてもらった。マテリアルは航空機の技術を持っている。餅は餅屋で、それぞれが得意な技術を出し合えばいいのだ。

加えて、みんなが持って帰らなかった部品何点かもウチでつくるつもりだった。しかし、ここにも思い出がある。「残ったのは俺が全部やるから」とカッコいいことを言ってくれる人もいた。ありがたく、みんなで分け合った。そのときの様子は〈コラム4〉に詳しく描かれているので、そちらを読んでほしい。

「じゃあ、細貝さん、やっておくからね」

そんな声を残し、仲間が三々五々と帰っていく。

次第に、閑散としてきた会場で、私は考えた。本当に部品は上がってくるのだろうか。

みんなを信じていないわけではなかった。だが、本当にみんな、こんな酔狂なプロジェクトに加わり、無料で部品をつくってくれるものなのだろうか、とは思っていた。

部品ひとつひとつに込められた思い

その後、私が驚いたことがいくつかある。

説明会の翌日に、金属の切削を得意とする会社「エース」の社長・西村修さんから「いまからいい？」と電話があった。何だろうと思ったら、部品を持って行きたいという。最初はなんのことだろうと思ったが、もう部品をつくってしまったのだ。

私は思った。これが、大田区だ。大田区で短納期の仕事をしている企業の実態だ。彼らに頼んだのはスプリングの部分だった。「エース」は、高度で多種多様な技術力を持つ大田区のモノづくり企業のネットワークである「大田ブランド」の登録企業で、外部にも「多工程部品の超特急対応はもちろん、弊社設備以外での全国300社以上のネットワーク体制確立により柔軟な対応が可能」と宣言している。

私の正直な思いは「すげーなこいつら！」だった。

しかも、超特急対応をしてくれたのは、「エース」だけではなかった。みんなが、翌日も、その翌日も、エアパッキン（緩衝剤）に包まれた部品を持ってくる。

「やるぞ！」と言った人間は、みんなの「おー！！」という声が聞こえないのが一番さびしいものだが、大田区の仲間たちは続々と部品を仕上げてきた。しかも、社長や社長の息子や、役員たちが自分でわざわざ持ってくるのだ。人情味があるではないか。

持ってきてくれたみんなが「自分がやったんだよ」「見て！　見て！」という感じで、うれしそうな顔をしている。その「見て！　見て！」がいい。みんな、自分の仕事に自信があり、「こんなすごいものをつくったんだよ」と認めてもらいたいのだ。その心が、きっと、日本の工業力を高めている。私にはその確信がある。

たまに、ちょっと忙しい社長は社員をよこした。私は調子に乗って、図々しいことが言える間柄の社長には電話を入れ「お前が持ってこいよぉ。みんな来てるぜぇ！」と言ったりした。すると、社長は「悪い、悪い。次から俺が持って行くよ」などという。

まさに、ご近所さんでつくる「下町ボブスレー」の世界だ。しかも、部品は車で届けられるとは限らない。自転車に積んで持ってきた人もいるし、わざわざ台車を押してきた人もいる。そして一様に、「この部品、精度は1000分の1ミリで～」とか「表面は研磨してあるけど、部品をくみ上げるときに問題があれば、100分の何ミリ程度なら削れるから言って」などと、いとおしい部品の説明をしていくのだ。

そうして次第に、マテリアルの工場にみんなが作った部品が集まっていったのだが、その途中で、私は部品協力説明会のときに小さなミスを犯していたことに気がついた。

部品の中には、凸型のものと凹型のものが組み合わさって一体になるようなものがある。これは通常、同じ企業に発注する。われわれの世界では「ユニット発注」と呼んでいて、凸と凹をそれぞれ別の企業に発注することはまずありえない。

金属製の部品は意外と繊細で、つくるときの温度や使う道具が違うと、ピッタリ合わない場合もあるのだ。

しかし、説明会の結果を見ると、凸と凹が別々の企業、という部品が何カ所かあった。私がみんなに「好きなの、持って行ってくれ！」と言ったのがよくなかったのだ。気がついた瞬間は「あちゃー、これ、やベーな」と思ったものである。

ところが、組み上げると、ピッタリうまくいった。１ユニットを４社でつくった例もあったが、寸分の狂いもない。あとで聞けば、製作する企業同士で連絡を取り合っていて、微調整をしたうえで納品してくれていたのだ。

このつながりの深さが、大田区のよさだろう。

買い物中に両手が荷物でふさがっているのに気づいた店員さんが「お荷物、まとめましょうか？」と言ってくれたりするが、実は、工業の世界でもこういった気遣いはとても大事なのだ。みんなが隣の人の仕事を理解し、少しでも合理的にできるよう団結してこそ、いい仕事ができる。

結局、すべての部品がそろうまでにかかった日数は、実質10日間でしかなかった。

ボブスレーが組み上がった、感激の瞬間

大企業の発想力、資本力はすばらしい。飛行機を空へ飛ばす、ロケットを宇宙へ打ち上げる――そんな壮大なことは大企業の力があってこそできることかもしれない。

だが、ボブスレーは大田区でつくることができる。

そして、下町ボブスレーの部品のひとつひとつには「一度、自分たちの技術力を生かし、自分たちが発想したものをつくってみたい！」という町工場の社長たちの祈るような思いが込められていた。

たとえば、ブレーキの製作では、精密金属部品加工の専門工場「大野精機」の大野和明

さんたちがまず作業にあたってくれた。ブレーキはゴツい熊手のような形の部品で、形状が複雑で大きいから、加工しにくいにもほどがあった。だが、大野さんたちにはできる。まず、大きな金属の塊に穴を開ける。穴にワイヤーを通し、ワイヤーに放電して切って、これをくり抜く。「ワイヤーカット」という技法だ。ワイヤーで金属を切っていく作業は、水の中で行われる。熱で精度を落とさないためだ。

金属をくり抜くと、次は溶接だ。大きさの関係で、2つつくって溶接で1つにする必要があったのだ。これは、東京都中小企業ものづくり人材育成大賞知事賞で奨励賞を受賞している工場「フルハートジャパン」の系列工場である「ハーベストジャパン」で行った。

さらに、くっついたものを再びワイヤーカットし、研磨し、形を整える。こうしてできた部品は、銀色に渋く光り、光沢は、まるで表情を持っているかのように誇らしげだった。

フレームの中でも一番大きな部品は、「関鉄工所」でつくっていただいた。「関鉄工所」の関英一さんは基本的に無口。しかし困っているときに声をかけると、必ず二つ返事で「いいっすよ」と、短い言葉で私の願いを聞いてくれ、しかも、当たり前のような顔をして実行してくれた。

明確な目標と情熱があれば、チームというのは自然とできあがっていくものだと思う。

最初に、委員長の判断で役割を決めてお願いしたとしても、ここまでうまくはいかなかっただろう。そうではなく、やりたい人たちがやりたいことをやったのがよかったのだ。

中には、「やっぱり、この形状は難しい」とか「急な受注があったから」といった理由であげてもらうことができなかった部品もあった。それらは、できるところに引き受けてもらった。結局、マテリアルでも、1号機の部品のうち3割程度をつくらせてもらった。

当然だが、できなかった会社があることを責めるつもりなど毛頭ない。今後ネットワークを築いていくことを考えたら、やろうという意思を示してくれただけでも十分価値があるのだ。

このプロジェクトを進めていく中で私が感激した最初の瞬間は、1号機のフレーム部分が組み上がったときだった。

忘れもしない、2012年10月18日。この日は偶然にも小杉クンの誕生日だった。

会場は、大田区南六郷にある「マテリアル」の工場。下はコンクリートで、上は蛍光灯。空気はひんやりしていて、武骨な金属加工機械が置いてある。

そこには、マスコミ各社の記者たちの姿もあった。事前にニュースリリースを送ってあったのだ。

みんなの目の前で、「マテリアル」の社員たちが動き、大田区の仲間たちがつくり上げた部品を組み立てていく。集められた部品はすべて、寸分の狂いもなくピタッと収まるべきところに収まった。自然と、会場に拍手が起こった。フレーム部分は赤い塗装で統一されていた。赤は、日の丸と情熱のシンボルだった。

できあがったフレームは、すぐに「東レ・カーボンマジック」に送られた。そして、10月30日、ついに赤いフレームがCFRP製の黒いカウルと結合し、下町ボブスレー1号機が完成した。

かかわってくださったたくさんの方々の思いの詰まったマシンが私の目の前にあった。その姿を目にした私の感想は一言、「幸福だった」としか言いようがない。

全身に鳥肌が立った。

2012年10月18日に行われた下町ボブスレー1号機のフレーム部分の公開組立（提供：下町ボブスレープロジェクト）

私は無性に誰かと喜びを分かち合い、お互いをたたえ合いたかった。無我夢中で連絡を入れたり、写真をメールで送ったりした。そして、気づいた。今度は私が「見て、見て！」をやっていた。

組み立てられた下町ボブスレー１号機のフレーム部分（提供：下町ボブスレープロジェクト）

完成した下町ボブスレー１号機（提供：下町ボブスレープロジェクト）

［夏目幸明のコラム3］

「できれば現役のときに下町ボブスレーに乗りたかった」

脇田寿雄（元・ボブスレー日本代表選手）

脇田寿雄氏が、下町ボブスレープロジェクトにかかわったのは、2011年12月に行われたキックオフミーティングの直後。二つ返事だった。

「当時、童夢カーボンマジックの社長だった奥明栄さんにお誘いいただいたのがきっかけです。

長野オリンピック前にも、奥社長が中心になって、『ボブスレーをつくろう』という試みがあり、そこに私も加わっていたんです。そんな経緯もあって、久々にお声かけいただいたんです。

いま、大田区に住んでいるので、これも不思議なめぐり合わせだと思いました。しかも、細貝さんの会社「マテリアル」が私の勤務先のすぐ近所なんですよ。

加わった理由ですか？　現役時代から『もし日本製のボブスレーがあったらどれだけいいだろう』『日本がつくれないわけはない』と思ってきて、そのまま競技生活を終えてしまったので、ね」

脇田氏は、長年、日本のボブスレー界を引っ張ってきた選手で、オリンピックには１９８８年のカルガリー大会から１９９８年の長野大会まで４回連続出場を果たしている。出身は和歌山県だ。高校生のとき、円盤投げの選手としてインターハイにも出場し、大学進学後も全日本レベルの大会で10位以内に入っていた。

転機は、国士舘大学の３年生だった年の秋だった。ある日、部活の顧問だった青山利春先生に、走る、跳ぶなどの能力をテストされ、あまり意味がわからないまま「行ってこい！」と言われた。行先は仙台大学。仙台大学に勤めていた顧問の教え子にボブスレーの強化を考えていた人物がいて、体力測定をされた脇田氏は「合格」したのだった。

「ボブスレーの選手、とくに後ろのブレーカー（ボブスレーを押し、乗り込む人）は陸上やアメフトの経験者が多いんですよ」

中でも、陸上の投てき競技の選手は、体重が重く、またダッシュをする能力にも長けている。いずれも、ボブスレーを押すとき、重要な能力だった。

この出会いが、脇田氏の運命を大きく変えた。最初に出場したオリンピックは１９８８

年のカルガリー大会。ソリを押す「ブレーカー」としてだった。

「当時は、まだ経験も浅かったので、『ヨーロッパと差はあるなぁ』と感じた程度でした。しかし、競技の奥深さを経験するうち夢中になり、その後、竹脇（直巳選手・同時期の日本代表選手で、2人乗りでは脇田選手のライバルとして、4人乗りでは仲間として、2人でボブスレー界を引っ張った）と一緒にヨーロッパへ渡り、なけなしのお金をはたいて1台ずつソリを買って、お互いのソリで交互にパイロット（操縦する人）とブレーカーになって練習を重ねたんです」

ドイツ・ドレスデンのボブスレー製作所がつくったソリだった。彼の愛機には、涙ぐましい逸話があった。

「竹脇は非常にスプリント（ボブスレーを押すこと）が速い選手でした。当時の竹脇は、ソチオリンピックをめざしている強化選手と比較してもはるかに速かったですよ。たぶん、現役を引退したいまでも、相当速いと思いますよ。私はそこでは勝てなかったので、ボブスレーの操縦技術で勝負しました。揺れを抑えるため、あえてランナーを止めているボルトを締めずに乗ったこともありますし、日本に帰ってくると東急ハンズへ行き、ゴムを買ってはさんで試したりもしました。まあ、いろんなことをやったものです（苦笑）。でも、限りがありました。私、溶接まではできないんです。

ただ、いまは反省しています。ならば町工場に行って、話をすればよかったな、と」

そんな脇田氏のもとに突然、奥氏からの誘いがあったのだ。いわば、競技生活の延長戦が始まったようなものだった。

脇田氏は、現役生活をしていたころに「こんなソリがあったらいいのに」と考えてきたことを、すべて下町ボブスレープロジェクトのメンバーに伝えた。

「まず、ボブスレーをなるべく軽くつくってほしい、ということです。

ボブスレーは重いほうが速いんです。だから多くの場合、『選手の体重＋ボブスレーの重さ』が重量制限を超えないギリギリまで重りを積んで走ります。その重りを付ける場所が問題で、たとえばクルマと同じように、真ん中に乗せるのがいいとか、重量バランスを考えちょっと前にとか、さまざまな要素があるので、ソリ自体は軽くつくったほうがいいと言いました。

次に、剛性。これは、ねじったり曲げたりする力に耐えられる度合いのことです。

ボブスレーの骨組みであるフレーム（骨組み）が滑走時の衝撃をある程度吸収してくれないと、氷の表面の凹凸から受ける衝撃がそのままボブスレー全体に伝わって、揺れによりタイムが落ちます。そうならないように対応をお願いしました」

さらには、後ろのランナー（刃）の取り付け位置を可動式にしてもらったという。これも自動車と同じだが、ボブスレーを支える4本のランナーが、ボブスレーのどの位置についているかで滑りが変わるからだ。

「最初のうちはボブスレーに対する理解が進む前だったので、下町の方たちも『それ、本当？』というのはあったでしょうね（笑）。

でも、下町の皆さんは人柄がいいんですよ。そんなの無理だというようなことを言う人もいないし、わけのわからないことをしゃべり続けるような人もいない。みんな、できる限り実現しようとしてくれたし、部品の発注後に話したことなどで実現できなかった部分は、2号機、3号機に生かされました」

下町ボブスレー1号機の製作が進む中、脇田氏は本業の勤務を終えたあとや土曜・日曜にたびたび「マテリアル」を訪れ、部品が当初思い描いた通りの動きをするかどうか確認し、違和感などがあると感じるとあえて遠慮せずに伝えたという。その過程を思い出し、脇田氏は「すごい速さで上がってきましたよ。さすがだな、と思いましたよ」と笑う。

その後、実戦での使用も念頭に長野市ボブスレー・リュージュトラック（スパイラル）でボブスレーに試乗するとなったとき、脇田氏は当たり前のように「自分が乗るんだな」

下町ボブスレーの初試走の臨む脇田寿雄氏（左端）と浅津このみ選手（左から２人目）（提供：下町ボブスレープロジェクト）

と思ったという。ボブスレーのハンドルを握るのは、実に9年ぶりだった。

「実は、12月13日に、吉村美鈴選手と浅津このみ選手のペアによる公式テストがマスコミなどを招いて行われているんですが、その前日の12月12日に、いったん、私が試乗しているんですよ」

長野へは、交通費・宿泊費ともに自費で向かった。大田区産業振興協会の小杉聡史氏からは「交通費を」と言われたが、その申し出を脇田氏は断った。お金をもらったら、自分が思ったことを言いにくくなるかもしれない、と考えたのだ。

「小杉さんが『いいものできましたよ』と言うから『決まってんじゃない』と言いましたよ」

裏話がある。このとき、脇田氏は「事故があっても下町ボブスレーの責任は問わない」と書面に書き、ボブスレーに乗ったらしい。とすると、彼は自分の命すら賭けたことになる。

脇田氏に聞くと、彼は笑って言った。

「いや、それは大げさですよ。あのソリを見れば、事故が起こるはずがないことはわかりますよ。つくりがいい。本来は溶接してつくってもいいようなところが、金属の削り出しでできていたりして、見るほどに大田区の方たちのモノづくりに対する誇りを感じましたね」

長野のスパイラルにあるボブスレーの格納庫で、大田区の町工場の面々が最終調整を行っている間、脇田氏は久々に長野のコースを歩いて「コースインスペクション」をした。パイロットは滑る前に必ずコースを歩いて、ハンドルの操作などを頭の中でシミュレーションしてから滑るのだ。

そして、迎えた1本目。ブレーカーは、翌日、マスコミの前で乗ることになる女子の浅津選手。脇田氏は久々の感触を楽しみながら、冷静に、ソリの性能を〝感じ取ろう〟としていた。

「最初は、硬いというか、がちっとしてるな、という印象でした。そして、走るうち、敏感だな、と思うようになりました。

ボブスレーの性能は、主に2つの要素で決まります。ランナーと、ソリ本体です。そして、このとき、ランナーはドイツ製のスペシャルなランナーで、ソリもハンドルを動かすと敏感に反応してくれたんです。

私は素手でハンドルを持ちます。ハンドルにはゴムがついていて、それで前のランナーを引っ張るようにして動かします。走っているときは、直線の場合、なるべくまっすぐ走ろうとします。まっすぐだと速い。なるべくまっすぐの状態を長く保つといいタイムが出るんです。

しかし放っておくと、自転車や自動車のハンドルを放したときと同じように、ソリが行きたい方へ行ってしまう。だから、われわれ選手は、ハンドルを細かく動かすことがあるんですが、その動きに、敏感に反応してくれるんですよ」

カーブでも、敏感に反応してくれているように感じたという。

「ソリが氷をガッとひっかいてしまうと減速します。一方、スキーのように、スッとカーブするとスピードを落とさずにすむんです。

だから選手は、コース上に自分が滑り降りたいと思っている線を思い描き、イメージ通りにソリを動かそうとするのですが、それがやりやすかった」

難しいのは、パイロット自身も、自分の感覚に頼るしかないことだ。脇田氏は「この印象が、実際に合っているか、私もわからない（苦笑）」と話す。だから、彼は下町ボブスレーの音や揺れなどから、その性能を〝感じ取ろう〟とした。

「音は、テレビではわからないかもしれませんが、会場で見ていれば変わりますよ。

テレビでも、ボブスレーの挙動や、パイロットのうまい、下手はわかります。

カーブにスムーズに入り、氷を削らずに出てくればうまい、削って減速したら下手。直線でのコース取りが左右に揺れていたらうまくいっていないし、きれいな直線を描いていたらうまく滑れています。

あと、直進時にソリが変にぶれていたり、ランナーを支える部品が変に動いていたら、そのボブスレーのセッティングに問題があるのかもしれない。アップで映ったとき、ソリが暴れているか、揺れを吸収できているかも確認できますよ。もちろん、揺れを吸収できていたほうがいいソリです」

滑り終わった脇田氏は、タイムを見て少し驚いた。57秒台が出るかな、と予想していたが、タイムは56秒台。

「このときブレーカーを務めた浅津選手は、思いっきり押していなかったらしく、スプリントタイムは遅かった。なのに、これだけのタイムが出せれば、上々だと思いましたね」

そして、脇田氏はその日に3本滑って、最後は吉村選手と浅津選手に託し、テストを終えた。その翌日、公式の試乗会が行われた。マスコミにコメントを残したのは、現役の吉村選手と浅津選手。脇田氏は「あくまで黒子ですから」とマスコミ向けのコメントは残していない。

最後に、脇田氏に今後の日本ボブスレーの展望を聞いた。

「いま、（ソチオリンピック出場予定の）鈴木寛選手に対して、私にとっての武田雄爾さん――1998年の長野オリンピックのときの監督であり、1988年のカルガリーオリンピックでは私が乗ったボブスレーのパイロットだった――のようなパイロットとしてアドバイスができる方が日本代表チーム内にいないんです。私のときは、カルガリーの先輩がいて、私の滑りを音で感じてくれるなど、適切なアドバイスをくれました。

実は、いま、ボブスレー界はやや人材不足なんです。2013年5月のトライアウト（オリンピックに向けた日本代表選手候補を発掘するために大田区で行われた）には40人以上も集まりましたが、もし下町ボブスレーの宣伝効果がなければどれほど集まったか……」

和歌山県出身のボブスレー選手だからこその心配でもあった。もっと、陸上競技者など多くの選手から、オリンピック出場選手を選ぶべき、という考えだ。

「パイロットの育成には時間がかかりますが、私がそうだったように、ブレーカーならほかの競技の選手がトライしやすい。

あと、実はボブスレーの検証にも、人数が必要なんですよ。1日かけ、午前2本、午後2本、計4本を滑り終えると、かなり疲労困憊《ひろうこんぱい》するんです。ほんの1分の出来事ですし、テレビでは感じてもらえないかもしれませんが、実は結構きついんです（笑）。

Gに耐え、操作を間違えば危険な目に遭う、その緊張感もあるんですよ。だから、ボブスレーを検証する選手だって、もっと多いほうがいい。

データを取りたいことは、山ほどあるはずなんです。

たとえば、あるランナーの性能がいいからといって、それがすべてのコース、すべてのボブスレーにあてはまるわけはない。よいランナーの条件は、私にもまだよくわからないんです。ボブスレーのタイムには、ソリの前後のウエイト配分や、コースのつくり、さらには気温まで影響します。

しかも、ちょっとしたことで、1秒くらい変わってしまう。強豪国のチームには、この条件の場合はこのランナー、という基本戦略があるはずなんです。ランナーを付ける位置が1センチでも変われば、タイムは違う。だから、テストパイロットも多いほうがいいんですよ」

だが、48歳になったいまもなお格段に大きな肉体を持つ脇田氏は、最後に真っ白な歯を見せて笑いながら、希望的な見通しを聞かせてくれた。

「まずは世界と戦える能力をもった選手を少数でいいので発掘し、しかるべき人材により指導・強化することではないでしょうか。

たとえば、いま、韓国では2018年に自国で行われる平昌《ピョンチャン》オリンピックに向け、ボブスレーも強化していて、私はソチでも10位程度に入るのではないかと予想しています。しかし、韓国は長野オリンピックには出ていないんです。

だから、下町ボブスレーで注目が集まれば、自然と強化も進み、将来的にはメダルにも手が届く位置にまで持っていけるかもしれない。

私はオリンピックにも出ましたが、決してエリートではないんです。ギリギリひっかかったと思っています。競技を続けるために転職もし、スピードがないので工夫して、競技を続けてきました。だから、下町のあの人たちと、どこか価値観が重なる面があるんですよ。できれば現役のときに下町ボブスレーに乗りたかった。ぜひ世界一のソリをつくってほしいですね」

朝日新聞出版

新刊案内

December 2013

いじわるばあさん
1、2巻

長谷川町子

各840円　978-4-02-258931-6／978-4-02-258932-3

絶版となっていた「姉妹社版」を復刊。 各巻に特別ページ付き。
全6巻を刊行予定、全巻購読者プレゼントも。

〒104-8011 東京都中央区築地 5-3-2
小社出版物は書店、ASA（朝日新聞販売所）でお求めになれます。
なお、お問い合わせ並びに直接購読等につきましては
業務部直販担当までどうぞ。TEL.03-5540-7793

朝日新聞出版のご案内・ご注文
http://publications.asahi.com/

下町ボブスレー　東京・大田区、町工場の挑戦

細貝淳一
1、575円
978-4-02-331253-1

初の国産ボブスレーでソチ五輪出場を目指す！　大田区の町工場が挑む「下町ボブスレー」プロジェクトの委員長が全貌を明かす。

火《ひ》男《をとこ》

吉《き》来《ら》駿《しゅん》作《さく》
1、680円
978-4-02-251134-8

第5回朝日時代小説大賞受賞作！

攻め寄せる鎌倉の大軍10万vs.守る古河城85人！　火を自在に操る「ひょっとこ」が仕掛ける奇想天外な一大機略とは!?

天野祐吉のCM天気図 傑作選　経済大国から「別品」の国へ

天野祐吉
予1、400円
978-4-02-251154-6

広告と時代を斬り続けた著者のライフワークエッセイ。1984年からの朝日新聞連載を選び抜いた決定版。懐かしのCM話も満載。

Now Printing

●表示価格はすべて税込みです。　書名コード（ISBN）を付記

第4章

選手が乗りやすいソリへと改造せよ！

下町ボブスレーの秘密

仙台大学が持っているボブスレーをもとに、同様のモノをつくる——こう書いてしまえば簡単なように思えるが、実はそうでもなかった。

モノづくりは、経験に基づいた「カン」が大切な世界だ。せっかく仙台大学のボブスレーがあるのなら、同じようにつくればいいではないか、と思うかもしれないが、そうはいかない。さまざまな金属や工作機械のクセを知ったうえで、加工しなくてはならないからだ。たとえば、設計図上はまっすぐに描かれている金属製の部品があったとする。しかし、金属を加工する際には、金属の片面だけが熱くなってしまう。すると、金属は熱くなったほうに反っていくため、まっすぐにしようとしたら、もう片面にも熱を加えなくてはならなくなる。

ここで、経験に基づいたカンが生きてくる。手間暇をかけて金属をまっすぐにする必要が本当にあるのかを、それがなにに使われるのかをできる限り知ったうえで考えるのだ。

そのような金属の特性を考えたうえで、われわれはプロトタイプである下町ボブスレー

ランナーをボブスレー本体に装着するための部品「ランナーキャリア」（提供：下町ボブスレープロジェクト）

1号機を、仙台大学のボブスレーより若干たわみやすくつくった。氷上をガチガチに硬い箱が滑り降りていくのでなく、もう少しやわらかい箱が、時にはごくわずかにねじれ、たわみ、氷上に張りつくように進んでいく姿をイメージしていただきたい。

特にカギを握るのは、ランナーを本体に装着するための部品「ランナーキャリア」（上の写真）だ。ボブスレー1機に計2本――ボブスレーの前と後ろに1本ずつ――取り付け、それぞれの両端に2つ（計4つ）のランナーが装着される。

この部品をまっすぐに加工せず、あえて若干だが逆Uの字型に反った状態でよしとした。みんなで図面を見ているうちに、「これさ、あんまりしっかりつくると暴れちゃうんじゃないの？」という言葉が交わされたのだ。

なぜかと言えば、硬いものをつくったら、細かい振動を吸収できずにソリがバウンドしてしまうような「気がした」から。金属の反りをあえて残し、そのたわみがバネになるように生かせば、金属自体が滑走時の衝撃を吸収してくれそうな「気がした」から。

普段、1000分の1ミリの世界で勝負しているとは思えない、ざっくりした言葉だと思う。しかし、モノづくりには感性が絶対に必要なのだ。感性から得られる新たな発想なしに、みんなが既存のデータや解析だけを頼りにつくっていたら、最終的には世界中のモノが同じになってしまうだろう。

実は、ボブスレーのどの部品をどれくらいたわませると最適な走りができるのかは、まだ私たちにはわからない。時間もお金もない中で、たわみ方が異なるボブスレーをいくつもつくって、何度も滑って検証することができないからだ。

しかし、われわれは職人の感性で部品（金属）が「たわむ」のをよしとした。

どれくらいたわめばよいのかはわからない。最適な数値はいつか興味を持ってくれた学校や企業が解析してくれればうれしいな、とそんなノリだった。

さらにもうひとつ、われわれのボブスレーには秘密があった。ランナーだ。

われわれは、ランナーの設計について、氷上の摩擦に関して研究をしている東京大学大学院工学系研究科の加藤孝久教授に相談をしていた。しかし、1号機ではランナーまで手がまわらない。重要な部品ではあったが、既存のランナーを使うことにしていた。

ランナーの世界は奥が深い。氷と接する部分だから、その滑りの良しあしが成績に大きく影響する。だからこそ、レギュレーションがもっとも厳しく、たとえば「スイス製の素材を使うこと」などと規則で決まっている。

なにも加工していない状態(素材)なら、1セット4本あたり15万円くらいだ。しかし、そのままではもちろん走れない。どのような形に削るとよいのか、研究が必要だ。

そして、このノウハウは国家機密級の秘密とされていて、だからこそ、われわれの1号機ではそこまで手がまわらなかった。

なにしろ、参考になるようなランナーがなかなか見つからず、情報を手に入れることさえ難しかった。当然だが、デキがいいランナーはそれなりの金額がして、それなりの実績のある選手しか手に入れられないのだ。

しかし、われわれはあるコネクションを使って、ドイツ製の、とびきりのランナーを手に入れていた。一般的なランナーの5倍近い値段がしたのだが、ここは奮発した。

2つの目的があったのだ。

1つは、なぜ速いのかを分析すること。もう1つは、あとで明らかにしたい。

選手たちの期待の応えるために

日本国際工作機械見本市「JIMTOF」の展示を終えると、もう冬は間近だった。下町ボブスレー1号機のテスト走行の日が近づいていた。

そのころに受けた取材に対して、私は「12月に女子選手に協力していただき、テスト走行をする。そのあと、全日本選手権に出場する。きっと、いいタイムを出してくれるだろう」とかなり自信に満ちた受け答えをしていた。

なぜなら、空力性能がすばらしい。ランナーも、まだ他国製ではあるが性能はいい。さらに、乗ってくれるのは、全日本ボブスレー選手権女子2人乗りで2010年と2011年の2連覇を果たしている吉村美鈴選手(パイロット)と浅津このみ選手(ブレーカー)だ。

これで、成績が悪いわけがないではないか。

ここで少し、下町ボブスレーと選手との関係をお話ししたい。

実を言うと、この時点で、われわれと日本ボブスレー連盟や選手との間には、まだ契約などはまったく交わされていない状況だった。ようするに、われわれが勢い込んでボブスレーをつくっても、ソチオリンピックでは乗ってもらえない可能性もある中での製作だったのだ。

われわれは「押しかけ女房」に近かった。

小杉クンが日本ボブスレー連盟を訪ねた際にも少し警戒されてしまっていたのだが、選手たちにも同じように見られていたようだ。

たとえば、11月に開催されたＪＩＭＴＯＦに、われわれが想定していなかったお客様がみえた。現役パイロットの川崎奈都美選手だ。

彼女は、ＪＩＭＴＯＦ開催中の金曜日に「下町ボブスレー」の存在を知り、どんな奇特な人間たちがこれをやっているのか知りたいと思ったらしい。そこで、思い立ったが吉日で、翌日からの土日を利用し、わざわざ北海道から、飛行機に飛び乗るようにしてＪＩＭＴＯＦへ駆けつけてくれていた。

ところが、その彼女も、まずは私に「何か狙いがあるんですか？」と尋ねた。いままでスポンサーもなかなか見つからない中で競技をしてきた彼女たちにしてみれば、雪国の人間でもなく、ましてやボブスレー界に縁のなかったわれわれが、手弁当で、利害関係抜き

2012年11月1日〜6日に開催された日本国際工作機械見本市「JIMTOF」での展示（提供：朝日新聞社）

で支援しようとしていることが信じられなかったのかもしれない。

そうでなくとも、選手たちは事業仕分けによって予算を減らされるなどの苦境にあった。「本当のことを知りたい」「何が狙いなのか」と思うのも当然だろう。

しかし、話せばわかる！　なにしろ、われわれに隠し事は一切ない！

結局、川崎選手とわれわれは大いに打ち解け、お願いをすると、ＪＩＭＴＯＦで行ったトークショーに急きょ、飛び入りで加わってもらえることになった。

その場で、川崎選手はボブスレーの現状を語ってくれ、会場はシーンと静かになった。

ボブスレーのマシンは何千万円もし、当然、自分では所有できないこと。ソリを国内でつくるなど夢のまた夢で、いままで海外チームの払い下げを使用して練習してきたこと。また、海外遠征にはランナーだけ持って行って、ソリは現地でレンタルしていることも教えてくれた。そのソリをメンテナンスしてレースに出ると、結局、日本人と海外の選手との間には1秒半もの差がついてしまうとのことだった。しかも、遠征にかかる費用も足りず、マシンができた場合の輸送費もかなりの額がかかるという（これは後述したい）。だから、川崎選手はトークショーの中で、われわれがソリをつくっていることを「夢みたい」と言ってくれた。そして、われわれは「ぜひ下町ボブスレーの試みを支援してほしい」とお願いをしたのだった。

下町ボブスレーがオリンピックで本当に滑るには、選手に乗ってもらわなくてはならない。そして、そのためには日本ボブスレー連盟の方々に信頼してもらい、納得してもらう必要があった。

そんな状況だったからこそ、まずは選手たちに味方になってもらい、「下町のボブスレーは速い」「下町のボブスレーを使いたい」と言ってもらう必要があったのだ。

だから、いきなりランナーをつくろうとは思っていなかった。136ページで書いた、速いランナーを手に入れた理由のその2は、まず選手に「下町は速い！」と言ってもらう必要があったからだ。そのためには、苦心してランナーをつくる前に、すぐにでも結果が出せるランナーが必要だった。

われわれは、そんな状況の中、テスト走行の日を迎えたのだった。

ちなみに、テスト走行の日、会場には川崎選手もいた。下町ボブスレーが走る前に、外国製のソリでの滑走を行ったのが川崎選手だった。

いきなり好タイムをたたき出す！

2012年12月12日から13日にかけて、下町ボブスレー1号機のテスト走行が行われた。13日のテスト走行はマスコミにも公開された。

会場は、長野市ボブスレー・リュージュトラック（スパイラル）だ。テスト走行は繰り返し行われた。

ボブスレーはまず、ゴール地点付近にある格納庫に入れられ、最終調整が行われた。

「東レ・カーボンマジック」から到着したボブスレーをみんなで格納庫に押し入れ、パイロットがソリを押すときに持つ取っ手をガンガンと強く押してみたり、ハンドル部分の動きを確かめたりした。みんな、本当に楽しそうな顔をしていた。

調整を終えると、ボブスレーは専用の台に乗せられたうえでトラックに積まれ、雪の山道を登っていく。スタート地点は雪山の中腹にある。スパイラルは巨大な施設だから、ゴール地点とスタート地点では景色がまったく違う。その日はよく晴れていて、山を登っていくと雲間から遠くの山々が望めた。空気が冷たくなってくる。

ボブスレーのスタート地点は、何となくスキーのリフトが発着する小屋に似ていた。そこで報道陣が待っていてくれ、カメラでわれわれの様子を撮影している。

下町ボブスレーには、女子2人乗りの吉村美鈴選手と浅津このみ選手が乗り込んでいる。

コースの氷の上には2本の溝が刻んであり、そこにボブスレーのランナーをはめ込むと、まるで電車がレールの上を走るような形で進むようになる。

選手がヘルメットの風防を閉じた。

その瞬間、周囲の空気が一気に張り詰めた。選手が構える。

「OK！」

「OK！　3、2……」

選手たちが一気に走り出した。極力滑るように工夫してあるとはいえ、われわれが運ぶとあれほどに重かったはずのソリが、日本トップレベルの選手にかかれば、いとも簡単に加速していく。仲間たちが、いや、マスコミの人までもが「GO！　GO！　GO！」と声をかける。

下り坂に差し掛かり、選手がボブスレーに乗り込むと、ボブスレーはあっという間に視界から消え、見えなくなってしまう。スタッフは大急ぎでコース各部に設置されているモニターの前までダッシュし、滑走の様子を見守る。

氷の下に「1998」という文字とオリンピックのシンボルマークがうっすらと見え、その上を、「コォォォォォォ」という独特の滑走音を残し、ボブスレーがまさに風の一部と化したかのように滑降していく。　何台ものモニターに、ボブスレーと2人の選手が映る。見とれているうち、早くも女性の声で「吉村・浅津チーム、ゴールしました」というアナウンスが聞こえてきた。

注目のタイムは、57秒台。2011年の全日本選手権優勝タイムが56秒26だ。まだ初回で、選手も操縦に慣れていないことを考えれば、まずまずのタイムではないか。

下町ボブスレー１号機の初滑走（提供：井上久仁浩氏）

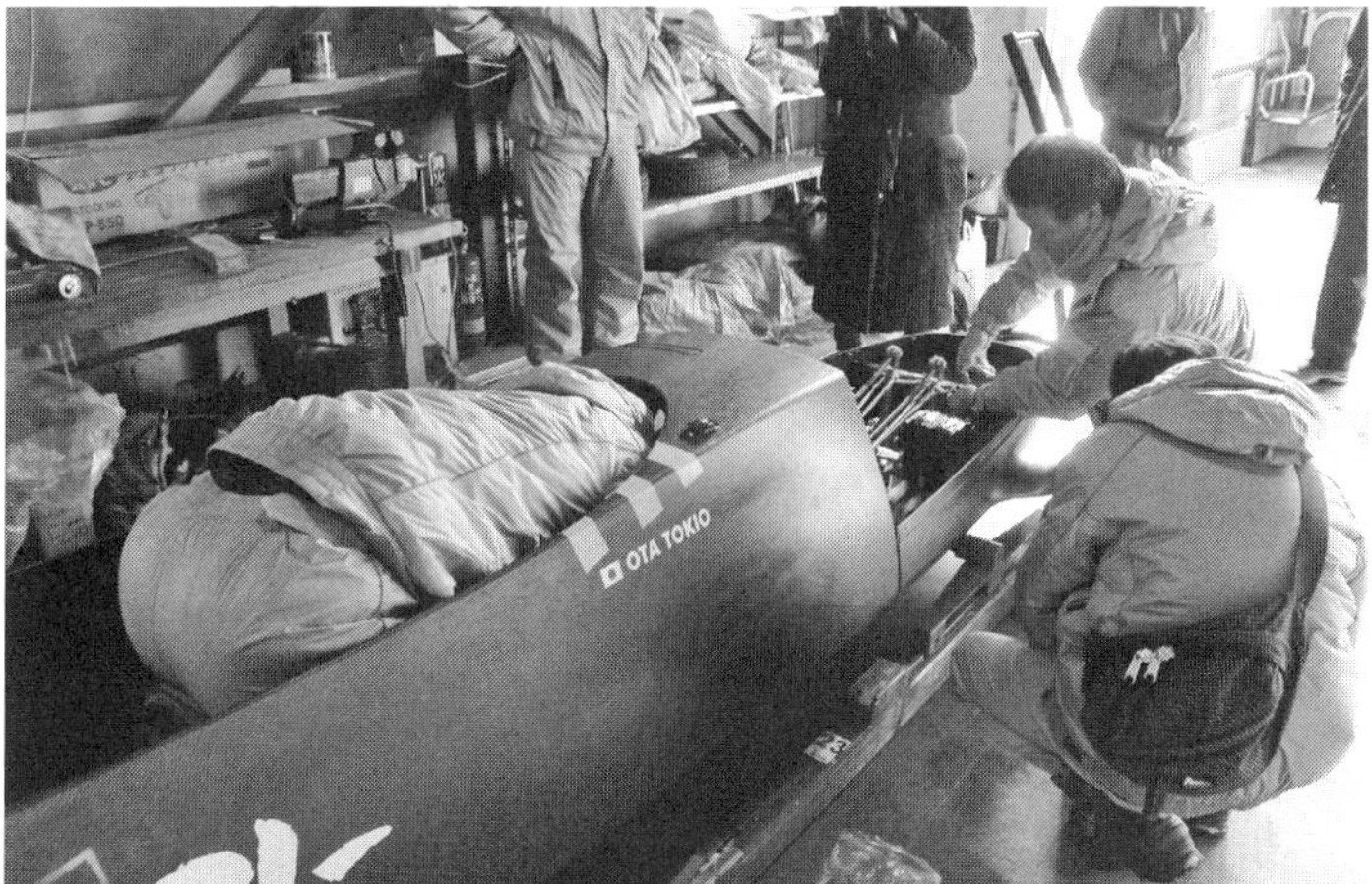

下町ボブスレー１号機の初滑走前に行われた調整の様子（提供：下町ボブスレープロジェクト）

無事に走り終えたボブスレーは、またトラックでスタート地点まで運ばれ、2度目の滑走を行う。今度は滑走の前に、スタート地点の小屋で、選手の要望に応えて、マシンの調整を行った。

たとえば、ブレーキの効きが悪いということで、ボブスレーの底面に開いている縦10センチ・横30センチ程度の穴の大きさを大きくしたりした。選手がブレーキレバーを引き上げると、この穴から先端がギザギザした部品が出てきて、氷をひっかいて減速するのだが、穴が小さすぎて氷を十分に捉えられなかったらしい。

やはり慣れは重要なのだろう。そうして選手の意見を聞いて、エンジニアが微調整を加え、滑る。そして、また意見を聞いて、微調整——と繰り返していく。すると、午後に行われた4回目の滑走、その日最後の滑走だった。

滑り降り、ゴールをすると、記録を表示する黒くて大きなデジタル表示機に、黄色い文字で「56・250」の文字が出ている。これは文句なく速い。2011年の全日本選手権優勝タイムを上回る、吉村・浅津両選手にとっても自己ベストタイムだった。

「おおー！」という歓声とともに、誰かが「いきなりこんなタイム出ちゃっていいの!?」と言った。ブレーカーの浅津選手いわく、まだ調整中で「5割程度の力だった」にもかかわらず、下町ボブスレーはついにぶっちぎりのタイムを出したのだ。

やっと、私は少し笑えた。冷たい空気、雪景色、みんなの笑い声が白い息になって、冬晴れの空へと消えていった。

次は全日本選手権だ！

その瞬間まで、私の中には鋭い緊張感があった。

選手たちに、どこの馬の骨ともわからぬ人間たちがつくったボブスレーに乗っていただくのだ。実際に乗って「下町のソリは速い」と言ってもらうためには、インパクトがなければいけない。1号機であるにもかかわらず、いま国内にあるすべてのソリに負けるわけにはいかなかったのだ。もし負けてしまったら、当然、そっぽを向かれてしまうだろう。どんな選手だって、わざわざ遅いソリになど乗りたいわけがない。ということは、われわれは試してもらったものの結局は相手にしてもらえない、という事態も十分に考えられた。

そうなったら、オシマイだ。

もちろん、「東レ・カーボンマジック」と「ソフトウェアクレイドル」が力を合わせつってくださったカウルは、前章で説明した通り、いままでにないほど空力性能がよい。しかも、いまは速いランナーを履いている。しかし、初めての経験だから、何が起こるかはわからなかった。

そんな状況だったが、この吉村・浅津両選手の滑走で、私はプロジェクトが次の段階へ進んだことを意識した。テスト走行での好タイムを見届けた私は、「ありがとね、いいタイムが出たじゃない」と滑り終わった選手たちに近づいていった。

私は、選手たちにお願いするつもりでいた。「年末の12月23日に迫っている全日本選手権でも、下町ボブスレーに乗ってみない？」と。選手の「乗りたい」という言葉ほど、周囲を動かす力になるものはないだろうと思ったのだ。

ところが、吉村・浅津両選手は、私たちが頼むより先に「このソリ、滑りますね」と前向きなことを言ってくれた。

この機を逃すわけにはいかない。私はすかさず「なかなかいいでしょ？　もし全日本で使いたければ、われわれが突貫工事で改造するよ」と言ってみた。大会のレギュレーションに合わせなければいけなかったからだ。さらに、ブレーキに少々不具合があったので、これを変えなければいけない。

大会までは、あと10日。しかし、本当の突貫工事でやれば、なんとかなるはずだと踏んでいた。すると、選手たちは私の言葉に小躍りするようにして、こう言ってくれた。

「本当ですか？　乗ってみたいです!!」

選手たちが、下町ボブスレーを使いたがってくれた。

浅津選手はマスコミにも「下町ボブスレーは滑る音しかなく、余計な音も振動もない。23日の全日本でも乗りたい」と話してくれた。吉村選手も「海外製と比べ物にならないほど操作しやすい」とコメントしてくれた。

私も、マスコミの囲み取材を受け、「いきなり結果を出してくれた選手に感謝したい」とコメントをした。まるで通り一遍のコメントのように思えるかもしれないが、それが私の本音だった。さっそく結果を出してくれたことに、心から感謝していた。

大田区の力の見せ場が来た！

こうして、私たちはまた、新たなスタートを切ったのだった。

「岸本工業」の方が、その感想をブログに書かれている。研磨しない切削加工だけで、100分の1ミリレベルのプラスチック加工をするという、超精密な樹脂加工がウリで、特許取得技術「フルフラット加工」で知られる企業だ。

同社の2012年12月19日のブログに、こんな文章があった。

何だか信じられないけれど、今回のプロジェクトを通じて、人が集まった時の【熱】とか【パワー】って

こんなに物事を動かせるんだって、見せつけられたような感じでした。

弊社が作った部品はほんの小さな一部分、にもかかわらず

トークショー・取材・ミーティング・・・　等々　本プロジェクトのいろんな場面に立ち合わせてもらえて

この先仕事をしていく・会社を運営していく上で、お金じゃ買えない経験と出会いと大事なモノ、

いっぱい学ばせてもらいました。

「部品無償提供」でしたが、実はこちらがいろんなものを与えてもらっていました。

このプロジェクトに少しでも関われたことを、本当に感謝しています。

さて「下町ボブスレー」ですが
好タイムが出たことで、各メディア一斉に取り上げて頂き、
ここのところほぼ毎日、どこかしらのメディアで露出しています。

なんとYahoo!トピックスにも登場し、関係者一同ビックリ！


何をおっしゃるやら。感謝したいのは私のほうであった。

ここから、本当に本当の突貫工事が待っていたのだ。

女性アスリートたちが見せてくれたとびきりの笑顔を、「残念だなぁ」というため息に変えないためには、すぐにボブスレーを再び「東レ・カーボンマジック」に持ち込み、大田区の仲間に部品をつくってもらい、改造するしかない。

まず、シートとリアアクスルを固定する必要があった。全日本選手権のルールでは可動式は不可とされていた。しかしテスト走行では、位置を決めるためにあえて可動式にしてあったのだ。

加えて、選手からの要望で、部品の位置取りなどを変える必要があった。

これらを14日から18日までの、たった5日間で成し遂げなければならない。

実を言うと、私はこの時点で、仲間に対して申し訳ない気持ちを持っていた。年末の、誰もが忙しい時期だ。それなのに、納期はメチャクチャ。さらに、お金は一銭も入ってこないのだ。

ところが、彼らはむしろ楽しんでいた。

「細貝さん、やっと大田区の力の見せ場が来ましたね！」と言ってくれたのだ。

もちろん、簡単ではなかった。オリンピックに出るほどの選手たちには、たいてい、秘められたドラマがあるものだが、われわれにもまた人と人が織りなすドラマがあった。

たとえば、ある部品について「東レ・カーボンマジック」から「今日中につくれませんか？」との相談があったときだ。それに応えられなかったら、間違いなく「東レ・カーボンマジック」が困る。だがその日、私は大切な方に頼まれた講演があり、東京にいなかった。「東レ・カーボンマジック」からは、「図面をお送りしておきます」とすでに連絡が入っていた。

そんな場面で、われわれを助けてくれたのが「エース」の西村さんだった。「すぐやります」と答え、「マテリアル」の鈴木さんと力を合わせて、その日のうちに部品を仕上げ

2012年12月に開催された全日本選手権に向けた下町ボブスレー1号機の改造作業（提供：下町ボブスレープロジェクト）

てくれた。「マテリアル」に納品されたのは、夜中の12時だった。そのとき、西村さんは笑っていたらしい。

後日、連絡を取ると、西村さんはなぜか私にお礼を言う。「こんな充実感がある仕事をさせてくださって、ありがとうございます」と言うのだ。それればかりか、あとで聞いた話では、この件で知り合いの溶接屋さんに急な仕事を頼んだ西村さんは、鈴木さんとともに溶接ができあがるまでその場でずっと待っていたのだという。

この話を聞いたとき、私は改めて信頼できる仲間がいることを心底ありがたく思った。

下町ボブスレーが優勝した！

そして、２０１２年12月23日、日曜日。長野市のスパイラルで開催されたボブスレー全日本選手権女子2人乗りの部で、吉村・浅津組が見事に優勝した。記念すべき全日本３連覇での優勝だった。

タイムは、昨年の優勝タイムをも大幅に更新する「55秒23」と「55秒79」あと０・１秒でコースレコードを更新するというぶっちぎりだった。

実は、この知らせを、私は「マテリアル」の事務所で聞いた。会場には、あえて行かなかったのだ。

私は、テスト滑降を終えると、東京に戻り、私自身の年末の業務に戻った。仲間たちには「行けないからやっておいて！」と言っておいた。みんなは「えー!?」と言っていたが、それでいいと思っていた。

なぜかと言えば、吉村・浅津組は、たぶん、全日本を制し、３連覇を果たすとみて間違いなかった。いままで2連覇の実績があり、かつ、いま日本で最高に速いソリを使うのだ。とすると、いままで下町ボブスレーを盛り上げてくれたマスコミ各社は、こぞって取材に来るだろう。そこに私がいたら、結局、また私が囲み取材を受けることになる。

それではいけない。私は、ただの旗振り役なのだ。

実際にマシンをつくり、改造し、チューニングする役は、たくさんの町工場が分担して行っている。だから、12月23日の全日本選手権は、私でなく、彼らの晴れ舞台であってほしかった。

雪の長野で、勝利の瞬間を体験する。マスコミに感想を聞かれる。フラッシュをあびる。その、人生の晴れ舞台を、私でなくみんなに味わってほしかった。

同時に、場数を踏んでほしい、とも思っていた。今後、私が取材対応できない場面もあるだろうし、ソチオリンピックのあともボブスレーを継続的に支援することになった場合には、別の人間が責任ある立場になるかもしれない。

記者会見に慣れず、緊張のあまり支離滅裂になっても、いまなら笑って許される。だから、いま、みんなで分担して大きな舞台を経験しておいてほしい、と思ったのだ。

すばらしい健闘を見せた吉村選手は「不安なくハンドルを切れた。心強かった」というコメントを残し、小杉クンは「ソチへの第一段階としては、成功です。改善してもっと速くしていきたい」という公式コメントを残した。

小杉クンによると、会場であるスパイラルには、東京キー局すべてが取材に来て、ほかにも、新聞、雑誌のカメラマンたちがまるで砲列のようにカメラを構えていたという。

「ナイトペイジャー」の横田さんとともに広報を担当してくれている「大野精機」の大野さんは、下町ボブスレーのホームページにこう書いた。

「数えて延べ4日、8本の滑走テストでプロトタイプの域を出ていないソリ、多くの報道陣に囲まれて重圧もすごかったと思います。吉村・浅津組、『優勝』という結果を残して下さりありがとうございました」と。

小杉クンにとってもまた、この日は感慨深かったらしい。

2011年、私が小杉クンの名を小林さんだと思ったあの日、彼はきっと「けんもほろろに断られるんじゃないか、バカヤロー、と怒鳴られるんじゃないか」「そんな一文にもならないことやるわけないじゃないか」などと、内心ひやひやだったろう。それに、なにもここまでのプロジェクトを立ち上げなくても、産業振興の方法はあったはずだし、やったからといって、劇的にお給料が変わるわけでもないだろう。

しかし、彼はみんなを動かした。確かに、彼はどんな相手にも物怖じせず、また、新しいことをやりたがるため、「将来、大物になるかもしれないね」と言われてはいた。しかし、口がうまいわけじゃない。別に、大金を引っ張ってこられるわけでもない。

そんな彼が「誠実さ」という小さな小さな武器だけを手に、これだけ多くの人を動かしたのだ。

後日、その小杉クンが、吉村・浅津組のぶっちぎり優勝のあと、思わずつぶやいた言葉を人づてに聞いた。彼はひとしきり選手の健闘を喜んだあと、うれしそうに、ぽつりと「俺ってすごいかも」と言ったらしい。

その話を聞いて、私は大いに笑った。自分で言っちゃダメだよ、と思った。同時に、われわれ大田区は、なんと素敵な人材に恵まれているのかと思った。

そう、小杉クン、キミはすごいよ。キミは大きな一歩を踏み出し、成し遂げた。

もし、日本にもっともっと、キミのようなすごい公務員がいてくれれば、私たちの国は、もっともっと、もっともっと、すばらしい国になるはずだ。

小杉クン、あなたと出会えてよかった。よくぞ、話をしにいらしてくださった。心から、お礼を申し上げたい。ありがとう！

2012年12月に行われた全日本選手権でスタートを切る下町ボブスレー1号機(提供:朝日新聞社)

2012年の全日本選手権で、長野市ボブスレー・リュージュトラックを滑走する下町ボブスレー1号機(提供:朝日新聞社)

［夏目幸明のコラム4］

「最終製品をつくる喜びを体験できた！」

國廣愛彦（株式会社 フルハートジャパン／株式会社 ハーベストジャパン）
関　英一（有限会社 関鉄工所）
尾針徹治（ムソー工業 株式会社）
佐山友允（栄商金属 株式会社）

下町ボブスレーは、30代、40代の若い世代が中心になったプロジェクトだ。その多くは、父や祖父が始めた町工場を継いだ2代目や3代目である。

たとえば、下町ボブスレー1号機の板金作業を一手に引き受けることになった「ハーベストジャパン」の國廣愛彦氏は38歳の2代目だ。國廣氏は、第3章で出てきた「残ったのは俺が全部やるから」というセリフを言った人物である。

実は、板金を得意とする「ハーベストジャパン」の工場は茨城県小美玉市にあるのだが、

國廣氏は同社だけでなく、制御盤の製作などを得意としている会社「フルハートジャパン」を大田区で経営している。「フルハートジャパン」は、カメラレンズの成型装置の制御設計からメカトロ組立・調整までを行うほか、自動車業界に対しては検査設備の設計から製造・据え付けまでを一貫して行う。裏方として、さまざまな企業のモノづくりを設計開発と5つの加工技術(組立配線、基板実装、メカトロ組立、計装配管、板金加工)で支えているのだ。

「2012年6月くらいから、下町ボブスレーをやっていることは知っていて『なんだそれ？ 俺も入りたいな』と思っていたんです。事業承継後、大田区の勉強会などにも積極的に出ていましたので。無償で……いや、むしろ持ち出しで働くことになろうとも、大田区のモノづくりが盛り上がるなら、『えー!?』とは思いませんでした。

でも、なかなか声がかからなかったんです。ボブスレーには『フルハートジャパン』が得意とする電気制御が必要ありませんし、ボブスレーに必要な板金ができる『ハーベストジャパン』の工場は茨城県にありましたから、あまり『國廣のところは板金ができる』と知られていなかったんです」

そんな國廣氏が、下町ボブスレーに参加したのは、2012年9月に行われた部品協力説明会の直前だった。大田区産業振興協会の小杉聡史氏が「ハーベストジャパン」の存在に気づき、説明会の前に声をかけたのだ。

これが、下町ボブスレープロジェクトにとって幸いした。

「当時はバランスが悪かったんです。切削加工が得意な企業は20社以上来ていたのに、板金はたったの4社でした。

しかも、経営者がいませんでした。代理で来ていて、『この図面、持って帰るけど、できるかどうかは明日になってみないとわからない』という人もいて、気づけば板金は『ハーベストジャパン』だけになってしまったんです」

そこで、國廣氏は決断をした。

「板金でつくる部品はたくさんありました。正直、『全部を1社でやるのは厳しいな』とも思ったんですが、ウチの会社ならできなくはないと腹をくくったんです。

事前に、父を含む創業メンバー3人全員に『悪いけど、僕の決済で、タダでもなんでもやるから』と事前に言っておいたこともあって、『わかりました。ウチが全部やります』と答えることができたんです」

ただし、國廣氏は「実は下心があったんですよ」と笑う。何を考えていたのだろうか?

「『それをやれば、みんなと仲良くなれる。仲間に入れてもらえるな』と思ったんですよ。

しかも、予想通り、弊社の社員に、最終製品をつくる喜びを映像として見せることができました。下町ボブスレーのポスターができ、新聞やテレビでも報道してもらえ、明らか

に社員のモチベーションが上がったんですね。

たとえば、ある日、社員に、『社長、ボブスレーの次はなにをつくりますか!?』と突然話しかけられたりしました。おとなしかった社員が、もう、楽しくて仕方ないようなんです。

私にとって、このセリフは鳥肌ものでしたよ。彼はリュージュやスケルトンまでつくりたいんですよ。ほかにも、耳が不自由でしゃべるのが苦手な社員が、いきなりフェイスブック経由で細貝さんに『俺が溶接したんです』とメッセージを入れた。働く喜びが、宿っちゃったんですよ」

下町ボブスレーは、社長だけでなく、多くの社員の魂にも火をつけたのだ。

ちなみに、國廣氏は大学を卒業後すぐに町工場を継ぐ決心をしたのではなかった。大学卒業後、大手アパレルメーカーで営業をしていた時期があるのだ。

「実は、以前はモノづくりにあまり興味がなかったんです。父の会社なんか継がない、と思っていました。父の『あとを継いでほしい』という願いが耳に届くようになっても、1年半から2年は拒み続けていましたよ。アパレルの世界で一旗揚げるつもりでしたから」

そう笑う國廣氏がモノづくりの道に入ったのは、「リーダーシップをとって、経営ができるのなら」と考えたのが理由だという。

「『下町ボブスレー』にも出会えましたし、いまでは後悔していません。新製品の開発をしてみたいんです。いつも考えていますよ。

たとえば、『節電用に、電力料金が表示されるシステムをつくりたい』と思っていた時期があります。役所に、いま騒音が何デシベルか表示される機械がありますよね。電力料金も『見える化』して、いま何キロワット使っているかでなく、何円使っているかも表示されるわけです。ところが、リーマンショックで『いまは凍結するしかないなぁ』と思っているうち、同じものが出てしまった。想像していたものと、まったく同じ機構でしたね。

ほかにも、データを入力しておけば、紙を使わず名刺を交換できる端末など、いろんな商品を考えています。

そんなことをしているうちに、モノづくりが大好きになってきましてね（笑）」

※

次に紹介したいのは、ボブスレーの部品の中でももっとも難易度が高い「ランナー（刃）」の製作に携わった3人だ。

1人目が、切削加工などを得意とする「関鉄工所」の関英一氏。関氏は3代目の42歳。國廣氏と同じ時期に下町ボブスレーにかかわり始め、下町ボブスレー1号機の製作時には引き受け手がいなかった大きな部品を引き受けている。

2人目が、試験片や試験するための機器の設計・製作を得意とする「ムソー工業」の尾針徹治氏。尾針氏は3代目の32歳で、2012年9月ごろから下町ボブスレーにかかわり始めている。

3人目が、3Dプリンターのデータ制作や出力などを得意とする「栄商金属」の佐山友允氏。佐山氏は3代目の25歳で、下町ボブスレーにかかわり始めたのは2012年12月。社長である父・佐山行宏氏は「本業をおろそかにしないこと」という条件つきで、下町ボブスレーへの参加を認めてくれたのだという。佐山氏はプロジェクトへの参加の動機を次のように話している。

「下町ボブスレーに参加したのは、会社に3次元測定機があったからという事情もありますが、細貝さんのような社長になりたいというあこがれもあったんです。プロジェクトに関わることで、さまざまな刺激を受けられています。将来的には、父が築いたビジネスを大切にしながらも、新たなことに挑戦していきたいと思っています」

最初にランナー製作に手をあげたのは、尾針氏と佐山氏だった。佐山氏が「栄商金属」にある3次元測定機でモデルになるランナーの形を正確に計測し、尾針氏がランナーを削り出すという役割分担だった。モデルになったのはドイツ製のランナーで、〈コラム8〉

ボブスレーの「ランナー」の先端部分（提供：下町ボブスレープロジェクト）

で紹介する栗山浩司氏の協力により下町ボブスレーのメンバーが手に入れたものだった。

3次元測定機とは、立体物の形を3次元的に計測できる測定機で、機種によっては数マイクロメートル（1000分の1ミリ）の誤差のレベルまで測ることができる。下町ボブスレーオリジナルのランナーをつくるための設計図は、佐山氏が調べた計測値をもとにプロジェクトの主要メンバーが集った設計図会議で練られた。

尾針氏がランナーの形状の特徴を説明してくれた。

「ランナーの先端は上の写真のように丸まっていて、氷に接するところも完全にとがっているわけではないんです。

写真で言うと、右側が氷に接する面になり

ます。氷に接する曲面のカーブの大きさはレギュレーション（規則）で決められているんですよ」

ランナーについては、大まかな形状のほか、素材もレギュレーションで厳しく決められている。必ず、スイス製の素材を購入しなくてはならないのだ。材質はステンレス鋼で、1セット4本あたり15万円くらいだった。1本の長さは1メートル近くあった。

ランナーの削り出しには、「マシニングセンタ（MC）」という工作機械が用いられた。MCとはセットする工具（刃）を替えることでさまざまな加工ができる機械で、ランナーの製作では「ボールエンドミル」という工具が用いられた。その仕組みも尾針氏に説明してもらった。

「エンドミルとは、ドリルに似た見た目をした道具で、先端に刃がついているドリルに対し、エンドミルは側面にも刃がついています。そのため、エンドミルは穴を削り広げたりする際によく用いられるのですが、ボールエンドミルの場合は刃がついた部分が球形になっています。工具を高速回転させて、その球形の部分を材料に接触させることで金属を削っていくわけです。

身近な例で言えば、歯医者が歯を削るときに使う道具に近いでしょうか。

ボールエンドミルとランナーになる金属は、ごくごく小さな点でしか接触しません。ボールエンドミルを細かく動かせば動かすほどきれいに仕上がります。1メートル近くあるランナーが4本もあり、本当に気が遠くなる作業でした（笑）。
目に見えない程度の凹凸であっても、必ず氷をひっかいてしまう。そんなものは選手に渡したくないですからね」

一気に削ると、刃が摩耗したり、金属に熱が加わったりして、金属表面によくない影響が出るのだそうだ。早く削り終えようと、ボールエンドミルの回転数を上げれば、今度は刃がやられ、やはりランナーに悪影響があるという。

ランナーの素材は大田区産業振興協会と元・リュージュ日本代表選手の栗山浩司さんの手配によって、半分加工してあるものも含め数セット購入してあったのだが、尾針氏によると、その素材を加工して初めてわかったことがあったという。

「1セット目のランナーを削ったときに、約1ミリのズレが生じてしまったんです。早めに気づけたから削り直すこともできたのですが、その後の話し合いで『せっかく予備もあるし、設計図通りに一からやり直そう』ということになりました。

ズレの原因は、ランナーの素材にあったわずかな反りでした。さらに、その反りは素材ごとに微妙な違いがありました。工作機械に設計図のデータを覚えさせて、自動で作業をさせると、素材の反りを無視して削っていきますから、手入力でデータを微妙に補正していったんです。

しかし、初めて手掛ける素材だったこともあり、結果的にズレが生じてしまいました。手入力の手間を省くこともできたのですが、選手に速く滑ってほしい一心で、よりよいモノをつくるにはどうすればいいかを考えたら、手入力がどうしても必要だったんです」

実は、その約1ミリのズレに気づいた経緯がすごいのだ。

「1ミリのズレには、ボールエンドミルを扱い慣れた職人さん（社員）が『音』で気づきました。『1ミリの誤差であっても、削るときの音が違う』と言うのです。機械を止めて、実際に測ってみると、確かにズレが生じていました」

こうしてミスの許されなくなったランナーの削り出し作業は、言いようのない緊張感の中で進んでいった。

「鈴木選手がソチオリンピックで引退されるかもしれないと聞いていましたから、職人さんと『ラストランになるかもしれない選手に、何も思い残すことのない滑りをしてほしい。それだけを念じて作業をしよう』と話し合いました。もちろん、われわれのランナーを使ってもらえるのであればですが」

その作業の精度の高さが証明されたのは、テレビの撮影で「ムソー工業」にハイビジョンカメラが入ったときだった。「ムソー工業」で削られたランナーの表面にカメラを近づけた撮影陣が思わず声を上げたというのだ。

「比較用に、『マテリアル』の鈴木信幸さんがドイツ製のランナーを持ってきていました。ハイビジョンカメラで表面をアップにして撮影したとき、ドイツ製はまるで毛穴が開いた肌のように表面が荒れていたのに対し、われわれのはツルツルだったんです」

そうして「ムソー工業」で削り上げられたランナーは、続いて「関鉄工所」に運び込まれることになる。同時期、「関鉄工所」では下町ボブスレーランナーをボブスレー本体に装着するための「ランナーキャリア」(2号機用)を製作していた。そこで、ランナーキャリアに装着するための穴をランナーに開けたり、緩衝剤となるゴムをランナーに取りつけたりする作業も関鉄工所で行うことになったのだ。

作業は時間との勝負だったという。

「とくにランナーは慌てて失敗したら、貴重な素材が無駄になってしまうというプレッシャーがありました。とにかく間に合わせなきゃと思っていましたから、部品の納品をしたときは、本当にホッとしましたね」

と同時に、関氏らは、ランナーやランナーキャリアにゆがみなどが生じないばかりでなく、微小な傷さえもつけないように、取り扱いには細心の注意を払ったという。関氏にその理由を尋ねると、次のように答えてくれた。

「大田区とボブスレーのつながりは、ソチで終わりじゃない。その次の平昌《ピョンチャン》オリンピックや、その先にまで続いていくはずのものだと思っています。それならば、最高の品質のモノをつくらないなんて、ありえませんよ。

僕たちだって、テレビで選手たちがメダルを取るところを見たいですからね」

彼らはアフターフォローも忘れなかった。滑走前に行う研磨は、選手自身が行うのだが、大田区の企業「生田精密研磨」に依頼し、講習会を開催したのだ。尾針氏が話す。

「それぞれの選手が手で磨くんですから、当然、個人差も出ます。将来的には、数値化したほうがよいのではと考え、スポンサーでもある『ミツトヨ』さんの計測器を使って、しっかり表面の粗さを計測するように提案をしました。

『生田精密研磨』の方が選手たちに『研磨は、力をかける必要ってないんですよ』と話していたのが印象的でしたね」

そして、尾針氏が言葉を継いだ。

「道具の本懐は使っていただくことです。試乗した選手の皆さんからはいろんな要望が出てくるはずです。われわれとしては、それらにどんどんお応えしていきたいですね」

第5章

オリンピックでの日本選手の活躍を後押ししたい!

鈴木寛選手に会いたい！

２０１２年の年末に、長野市ボブスレー・リュージュトラックで「下町ボブスレー」が日本新記録をたたき出してから、私の仕事は「オリンピックで実際に下町ボブスレーに乗ってもらうこと」になっていた。

下町ボブスレーには、少しずつ、スポンサーがつき始めていた。だから、われわれとしては「お金はいただきました、でも、オリンピックには行けませんでした」が一番怖い。これでは、なかなかスポンサー集めもできない。

本音を言えば、日本ボブスレー連盟に一日も早く、「下町ボブスレーで行く」と宣言してもらいたかった。しかし、われわれは「押しかけ女房」。フラれてしまったら、それでおしまいなのだ。

ようするに、全日本選手権が終わった瞬間には、もう次に向けて走り出す必要があったのだ。

私は、大田区産業振興協会が２０１３年2月7日〜9日に行われる「おおた工業フェア」で、下町ボブスレーネットワークプロジェクト推進委員会と日本ボブスレー連盟の共同記者会見を仕掛けたかった。そして、目標を共有したかった。1号機の成功を受け、今後、選手と一緒に日本人選手の体格、志向、競技スタイルに合った2号機以降をつくっていく。さらに、ソチの次、２０１８年に韓国・平昌《ピョンチャン》で開かれるオリンピックも視野に入れ、ボブスレーをつくるだけでなく、ともに競技としてのボブスレーを盛り上げ、大田区とボブスレー界が今後もよい関係を築いていける仕組みをつくっていきたかった。

話を持ちかけるなら、圧倒的なタイムで全日本選手権を制したいまがチャンスだ。

私は、すぐに動いた。年末も押し迫った12月26日に長野へ向かった。どうしても会いたい方がいたのだ。

鈴木寛選手。全日本ボブスレー選手権男子で10回以上優勝するという輝かしい記録を持ち、引退された脇田さんに続く世代のエースとして日本のボブスレー界を引っ張ってきた。ソチオリンピックへの出場も確実視されていて、同時に、ソチでの引退を決意しているというお話もあった。

その鈴木選手にお願いし、下町ボブスレーに乗っていただくと決まっていた日が12月26日だったのだ。

当日のことは、よく覚えている。

全日本選手権に出た鈴木選手と会うため、私はまだ夜が明けぬ東京を背に長野へ向かった。ボブスレーの会場に着くと、下町ボブスレーでの滑走を控えた鈴木選手がいた。間近で鈴木選手の体を見ると、私には、山のような体格に思えた。

実はそのときまで鈴木選手とはお話ししたことがなかった。でも、そこはあえてリラックスした雰囲気を意識しながら、「どうも、こんにちは〜」と話しかけた。せっかくだから選手の意見を吸収しておきたいし、われわれが選手を第一に考える姿勢を伝えたかった。

私が「鈴木さん、これで滑っているところを思い浮かべると、どうですか?」と聞くと、彼は「バンパーが光って乗りにくいかな」と言った。バンパーとはボブスレーの先端の両脇にある、衝突の衝撃を吸収する金属製のパーツのことだ。そこで、私はすぐ「わかりました。光らなければいいんだよね?」と走って黒いガムテープを持ってきて、そこは技術屋だからピターッとキレイに貼った。

「これでどうですか?」と聞くと、鈴木選手がニヤッとしてくれた。いま思えば、そのニヤリとした顔がかっこよくて、私は鈴木選手に好感を抱いた。というより、この人を応援したいな思ったのかもしれない。

そんな会話のあと、われわれのやり取りを見ていなかった奥副社長がやってきて、バンパーが黒いガムテープで覆われているのを見て言った。

「あれ、いらないんじゃない？　Ｆ１レーサーでもそうだけど、走っているとき、選手はカンで走る。時速１４０キロで走る世界の話だ。バンパー見て走らないよ」

私は、こう答えた。

「お互いを知り合うための会話って必要だし、選手の要望はたとえ小さなことであっても、ひとつでも多くかなえたい。だから、これってきっと重要なことなんですよ」

ぜひとも下町ボブスレーで試合に出てほしかった

鈴木寛選手（パイロット）と小林竜一選手（ブレーカー）に乗っていただくこの日のテストでは、日本ボブスレー連盟の方にも立ち会っていただき、下町ボブスレーが本当に速いかを検証することになっていた。

比較テストだ。下町ボブスレーのほかに、長野市が購入したドイツ製のボブスレーが走った。２つとも同じランナーを利用するなど、すべての条件を一緒にして、どっちが速いかを比較したのだ。ドイツ製ボブスレーは、強豪国の選手たちがこぞって使うほどの性能だった。

テストの結果は、ほぼ同タイム。下町ボブスレーはドイツ製ボブスレーにも引けを取らないということがわかり、日本ボブスレー連盟の方からも「可能性は感じる」という評価をいただくことができた。

私は、鈴木さんに「バンパーどうだった？」と聞いた。答えは「全然問題ないよ」。

そして、彼が最後の1本を滑り終え、帰ってきたとき、思い切って、こんなふうに話しかけてみた。

「私たちの間で、鈴木さん、怖い人なんじゃないかって話があるんだけど」

小杉クンが「選手としてのオーラがすごい」と言っていたのだ。

「いや、全然そんなことないですよ（笑）」

「小杉が『怖いかもしれない』って言ってたよ」

「えー⁉　なんでだろう？」


その後、「ボブスレーの調子はどうでしたか？」と聞くと、「まあまあじゃないかな」との評価だった。課題として「振動が若干大きいのと、ハンドルの反応もちょっと鈍いかな」という2つを教えていただいた。別に、気を使って言っている表情ではなかったし、日本を代表する選手がわれわれに変な気を使う義理もない。きっと本当に「まあまあ」だったのだ。

このあたりで、切り出してみようと思った。

「もしよかったら、まあ、ウチのランナー持ってアメリカに行くなんてこと、どうですかね？」

一応「まあ」と言ったが、本音では「まあ」ではない。「ぜひとも」そうしていただきたいのだ。

このランナーこそ、われわれの切り札だった。すでに下町ボブスレーに履かせ、全日本選手権で優勝した実績のある、あのドイツ製のランナーだ。

選手が、性能のいいランナーに興味がないはずがない。彼の表情を見ると、「そんな話もありなんですか？」と読み取れた。もちろんアリですよ、と思った。でも、もし意に沿うならかなえてほしい願いが、私にもある。

「で、もしよかったら、セットでウチの下町ボブスレー本体にも乗っていただくとか、そういう話なんか、ないですよね？」

こうなると、鈴木選手も即答はできない。ちょっと困った顔をした。

それなら、われわれもいますぐの返事など求めていない。われわれの望みを伝えておけば、信頼関係ができたときにきっと乗ってくれそうな気がしたから、一応言ったのだ。だから、これ以上の交渉は押しつけがましくなると思い、まずはランナーを使ってもらうことにした。

次回、鈴木選手がどの大会に出るかを聞くと、「2月にソチで開かれるプレオリンピックに行き、実際のオリンピック会場でテスト走行をする」とおっしゃる。

「なら、ソチでわれわれのランナーだけでも使ってみませんか？」

「それはうれしいですね。ぜひ使ってみたいです」

選手にしてみれば、いろいろなランナーを乗り比べしてみたいに違いない。このときなんとなくだが、もし彼らが心配するように、下町ボブスレーが所定の性能を発揮できなかったら、その性能がいいランナーは鈴木選手に託したいな、とも思った。

私は、一瞬、ランナーを鈴木選手のご自宅へ宅配便でお送りしようかと思ったが、いや待てよ、と思い直してこう言った。

「じゃあ、ランナー、持って行きますよ」

彼は「悪いから取りに行きますよ」と言い、私は「いや、年末はあいてますから、運ぶのも大変でしょうし、それくらい手伝わせてくださいよ」と話した。

やっぱり、押しかけ女房のようだ。

こんな経緯で、ご自宅へ行けることになったのだが、私なりの考えがあった。ランナーを持って行くと、渡すタイミングでもう一度お会いする機会ができる。そのとき、鈴木選手と少しでも話し込めたらいいな、と思ったのだ。

2012年・大みそかの出来事

いまだからこそ言える話だが、下町ボブスレーのプロジェクトを行き詰まらせないためには、ぜがひでも、鈴木選手に下町ボブスレーに乗ってもらう必要があった。3月に行われるノースアメリカンカップを逃すと、次のウィンタースポーツのシーズンが始まるのはソチオリンピックの直前の2013年10月になってしまう。

もちろん、相談事ではある。しかし、実際の試合で乗っていただかないことには、検証ができないのだ。

下町ボブスレー1号機は、おもに風洞実験などをもとにつくっており、設計段階での選手のヒアリングはできていない。もちろん、脇田さんのお話を聞き、全日本選手権前には吉村・浅津ペアの要望をできるだけ取り入れ、ハンドリングやレバーはそっくり入れ替えるほど改良をしたが、「乗り心地」にあたる感覚的な部分はまだまだ検証が足りなかった。日本のボブスレーチームがよい成績をあげるために、海外勢のように、選手とボブスレーのつくり手たちが一緒に連携していくべきだし、それができるのが「下町ボブスレー」のウリでもあった。われわれは、「日本選手がボブスレーに体を合わせている」現状を変えて、「ボブスレーを日本選手の体に合わせる」環境をつくりたかったのだ。

だからこそ、なるべく早くプロトタイプを使って、世界を転戦してもらいたかった。ここで、別のボブスレーに乗られるようでは、われら「押しかけ女房」の恋はきっと実らないだろう。

ようするに、表面上は落ち着いたふりをしつつも、内心は乗っていただくことに必死だった。だから「ランナーを持って行きます」と鈴木選手に会える用事ができたことがうれしかった。

鈴木選手のご自宅に伺ったのは、事もあろうに2012年の大みそかだった。まさに激動の1年だった年の最後の日の朝9時、私は車にランナーを積み込み、1人で鈴木寛選手のご自宅に向かった。

私は鈴木選手に、まず、お約束通りランナーをお渡しした。すると、鈴木選手が、「お茶でも飲んでいきませんか？」と言って、気さくにご自宅へ招き入れてくれたのだ。うれしかった。そして、このときに鈴木選手からお伺いしたお話が衝撃的だった。ボブスレーの資金にまつわる話だ。

事業仕分けなどの影響もあり、スポーツ団体の台所事情は決して楽なものではない。選手として国際大会の代表に選ばれても、自費で往復の50万円から60万円を払ってレースに出なければならない。当然、往復の航空券、滞在費などがかさんでいく。

しかも、川崎選手同様に、ランナーだけ現地へ持って行き、ソリはレンタルで借りて、これだけの費用なのだ。下町ボブスレーのような自前のソリを使ったら、その送料が140万円以上かかってしまうという。

そんな中、鈴木選手は仕事と練習の両立をしてきた。その条件下で、ボブスレーを運ぶお金も用意するというのは、はっきり言って現実離れしていた。私たちが「下町ボブスレーに乗ってほしい」と好意の押し売りをするということは、同時にボブスレーを運ぶ送料を彼らに負担させてしまう、ということがわかったのだ。

われわれはまだまだ選手の立場や現実がわかっていなかった。

資金がないことが問題だった。選手個人の負担で戦うには限界がある。と、そんな話を鈴木選手のご家族が聞いていた。お子さんもいらした。このとき、私は、自分たちに課せられた役割が、もう少し大きかったことを知った。鈴木さんの、もしかしたらラストランになるかもしれない滑走を最高のものにするため、われわれは世界最高の技術だけでなく、資金面でも支援すべきだ。

なんだか、熱いものがこみあげてきて、それは話し相手にも伝わるのだろうか。私が「なんとかボブスレー界全体を、資金面も含め、支援していく方法はないだろうか」と頭をめぐらせながら話していると、いつのまにか鈴木選手も、「できることはないですかね……」と一緒になって考えてくれていた。

こうして、選手と同じ目線で悩みを共有する。それこそ、われわれがすべきことだった。

ここからは、私が得意とする「その場で、思いつきの事業計画を話し合う」場になった。それならば、スポンサー集めはわれわれが行い、ボブスレーを運ぶ資金だってわれわれが出せばいい。とにかく、もっと大田区と日本ボブスレー連盟の間にある距離を縮めたい。もしよければ強化合宿を大田区でやってもらえないか。日本代表選手のトライアルも大田区でやってみたい。そんな話をすると、彼の表情がほころんだ。

そして、話していてわかったことがある。それは、鈴木選手の「ボブスレーに対する熱意と愛情の深さ」だ。

長い競技生活で、「本当はこんなボブスレーに乗って戦いたい」「こんな支援があれば」と思われた瞬間も、たびたび、あっただろう。働きながら競技を続け、なおかつ遠征費を捻出される努力は、いかほどのものだったろう? ご家族と一緒に歩んでこられた道は、決して平坦《へいたん》ではなかったと思う。

鈴木選手とお話をしながら、改めて、ボブスレーの選手たちと下町の町工場は相性がよいな、と感じた。

選手たちは、自分たちが働き口を見つけ、自分たちでスポンサーを探していた。一方、われわれ下町の町工場の人間たちもまた、ロケット、航空機、防衛部品、産業機械をつくっているとは発信できない中、自分たちの存在価値を世間にアピールしていく必要があった。

無名、しかも資金がない。この不利を、いかに努力と工夫で補うか、いつも考えていた。

もしも、大企業がボブスレーを支援する、という話だったら、下町ボブスレーはこれほどメディアに取り上げてもらえただろうか?

答えはNOだろう。この盛り上がりは「下町の町工場」と「ボブスレー選手」の共同作業でなければありえないことだった。

日本ボブスレー連盟との共同記者会見

鈴木選手と話し合った時間は、私の人生の中でもかなり濃密なひとときだった。そして、こうして鈴木選手とがっちり信頼関係で結ばれたことが、このあと、非常に大きかった。日本ボブスレー連盟の皆さんからすれば、連盟を通さず、私と鈴木選手が直接仲良くなるのは、「フライング」かもしれなかった。

結果的には、鈴木選手に日本ボブスレー連盟会長の北野貴裕さんをご紹介いただき、会っていただくことができた。だから、結果オーライなのだが、筋としては、まずは日本ボブスレー連盟に相談し、信頼を得てから、話を進めるべきだっただろう。

言い訳になってしまうが、とにかく時間がなかった。正面からあたって、組織を通した正式な決定を待っていたのでは間に合わないのだ。プロジェクトの仲間たちががんばって1号機を仕上げてくれたことを思うと、いましかないと思った。

だから私は、同時に、別のフライングもしていた。

2013年2月に行われた「おおた工業フェア」での共同記者会見の様子（提供：下町ボブスレープロジェクト）

まず小杉クンがいる大田区産業振興協会に連絡を入れ、下町ボブスレーと連盟が共同記者会見を行うことを想定して、準備を進めておいてもらうことにした。下町ボブスレーをノースアメリカンカップの会場であるレークプラシッドへ送る手はずも整えておいてもらったほうがいい。

なにしろ、交渉成立を待っていたら、準備が間に合わないのだ。

お目にかかった北野会長は、実にフランクな方だった。北野会長は、長野県長野市に本社を置く長野県最大の建設会社・北野建設の社長でもある。ご存じの方も多いかもしれないが、同社スキー部はモーグルの上村愛子選手、ノルディック複合の荻原健司選手と荻原次晴選手など、数多くのオリンピック選手を輩出する名門実業団チームだ。

北野会長は、われわれがボブスレーを使ってなにをしたいかを話すと、「それが大田区のためになるのであれば、われわれもうれしいですよ」と笑顔で話してくれた。

そして私は、選手の話を聞いて資金集めも協力させていただきたいと思っていることをお伝えした。すると、「そんなによくしていただいていいのですか？」と気遣ってくださったのだが、私は「もちろんです」と答えた。

下町ボブスレーが成功すれば、われわれは世界に「大田ブランド」を浸透させ、なんらかの形で利益を手にすることができるはずだ。しかし、仮にうまくいくとしても、それはボブスレーがあってこその成功だ。であれば、ボブスレーの発展に尽力されている皆さんに対し、われわれからできる限りの恩返しをするのは当たり前だ。


その後、いくつかの審査・話し合いを経て、2013年2月9日に日本ボブスレー連盟と大田区産業振興協会は包括協力協定を結び、発表するに至った。協定文書の中には、すばらしいソリをつくること、競技の普及に協力することなどが盛り込まれていた。

そして、日本ボブスレー連盟との協力体制ができたことによって、下町ボブスレーが、アメリカのレークプラシッドで行われる「ノースアメリカンカップ」へ出場することも決まった。どう転ぶかわからない中で準備を進めていた、われわれの努力が実った瞬間でもあった。

下町ボブスレーを可能にした無数の支援

われわれは、日本ボブスレー連盟とやり取りをしていた時期に、別の大きな出会いも果たしていた。メインスポンサーとして、「ひかりTV」で知られる「NTTぷらら」が下町ボブスレーに協力してくださることになったのだ。

いま、下町ボブスレーのカウルには、たくさんの企業ステッカーが貼ってある。その姿を見ると、ステッカーにはなっていない個人による寄付やお金以外の協力も含め、われわれの活動はたくさんの支援によって成り立っていることを思い出さずにはいられない。

そして、それらのステッカーの中で、もっとも目立つ位置に大きく貼られているのが「ひかりTV」のロゴなのだ。

ちょっとここで、少し時間をさかのぼって、下町ボブスレーとお金の話をしておきたいと思う。

スポンサー探しは、下町ボブスレープロジェクトが始まって以来ずっと続けていたことではあるが、実を言うと、それまでのスポンサー集めはちょっと苦労していた。

まず、第1章でお話ししたように、最初の資金は大田区に関係する篤志家からいただいた。そして、「マテリアル」からもお金を出した。加えて、大田区からの助成金をいただいていた。

しかし、全部合わせても、仙台大学のボブスレーを東レ・カーボンマジックに運んだり、よく滑るランナーを買ったりしているうちに、すぐに底をついてしまった。

下町ボブスレーの挑戦に共感し、個人的に何万円と寄付してくださる方や、中には、何十万円単位のお金を投じてくださった方もいた。それに加え、下町ボブスレー開始時からのメンバーである私や小杉クンや横田さんなどが、大田区の取り組みに興味を持ってくれそうな人たちに「ぜひお願いします」と頼んでまわっていた。

〈コラム1〉で紹介されているように、横田さんは小杉クンが最初に下町ボブスレーの相談を持ちかけた人で、小杉クンに私に会うようにすすめてくれた人物でもある。横田さんの会社「ナイトペイジャー」では、自動車をカスタマイズするための部品などの企画・設計から加工までを一貫して行っている。

たくさんの人たちが、われわれを助けてくれた。

たとえば、「白銅」の角田浩司社長だ。「白銅」は、非鉄金属を中心とした多様な素材を幅広い産業分野に提供し続けてきた。〈コラム6〉でも紹介されているとおり、業界内では「独立系専門商社」という類を見ない業態を確立している。

「白銅」からは下町ボブスレー2号機・3号機の金属材料をご提供いただくなど多くの支援をいただいているのだが、実は、私はそれ以前にも角田さんに助けていただいたことがある。

金属加工をする会社を立ち上げ、独立して間もないころの話だ。当時、私はある事情から素材となる金属を仕入れることができず、非常に困っていた。素材がなくては、金属加工がしたくても、できない。そんな八方塞がりでもうどうしようもないという場面で救ってくれたのが、当時お世話になっていた「白銅」の係長だった。

彼は「それならば、ウチが供給する。ウチと取引をすれば、他社もきっと取引をしてくれるようになるさ」と言い、実際にすべてがその通りになった。私にとってみれば、そのときに交わしていただいた契約書は、命と言っていい重さがあった。

そして、そのときの係長こそが、ほかでもない2012年に「白銅」の社長に就任された角田さんであり、いまは下町ボブスレーを支援してくださっているのだ。

想定外だった1000万円の支援

「NTTぷらら」がメインスポンサーになってくださったきっかけは、意外なめぐり合わせだった。

2012年8月6日の朝日新聞・経済欄に載った「下町ボブスレー発進」という記事を見て、夏目幸明さんというジャーナリストと書籍の編集者が「本を書きませんか?」とやって来た。結果的に、そのときの提案は、私の話で構成される本編と、夏目さんが大田区の町工場の仲間たちや支援者などに取材したコラムからなる本として結実した。ようするに、この本だ。

そのときは、正直、対応を決めかねていた。なにしろ、プロジェクトがその後どういう展開を見せるか、まだ誰にもわからなかったのだから。

そして、1時間くらい話し込んだ帰り際、夏目さんが面白いことを言った。彼は雑誌で社長の取材を連載していて、たまに、取材で信頼関係が築けた社長さんたちを集めて、飲み会を開くという。その彼が「ぜひいらしてください」と言うのだ。

振り返ると、出会いは思わぬ飛躍をもたらしてくれるものだと思う。訪ねてみると、そこにはそうそうたる大企業の社長たちがいて、仕事のこと、人生のことなど話し合いながら、ざっくばらんな雰囲気でお酒を酌み交わしていた。

その中でも、私は「NTTぷらら」の社長・板東浩二さんと仲良くなった。私の取引先の話をすると、その企業の役員に友人がいるとおっしゃる。板東社長が「こういう人なんだけど、会ったことある?」と出してくれた名前は、私にとって雲の上のような方だった。素直に「いや、雲の上のような……」と言うと、「なら、近々一緒に懇親会をしましょう」という思ってもいなかった答えが返ってきて、しかも、それを実現してくださったのだ。

その後の懇親会は大いに盛り上がり、また近いうちに会う約束をした。そして、2度目の懇親会のお誘いをいただいたとき、私は下町ボブスレーのことも少し話し、「もしよろしければ、少しでもスポンサーになっていただけるとうれしいのですが」と話してみた。すると板東社長は「それなら一度、弊社にいらして、細貝さんから直接、担当者に説明してもらえないかな」という話になり、ある金曜日、私はご説明に出向くことになった。

驚いたのは、週明けの月曜日の朝だった。大田区産業振興協会の奥田さんから電話があって、彼が勢い込んで言う。

「細貝さん、やばいですよ。ぷららさんから1000万円でお問い合わせがありましたよ。100万円じゃありません、1000万円です。間違いなく、100万円でなく、1000万円ですよ」

下町ボブスレーのホームページには、スポンサー募集の申込フォームがある。そこには、100万円の枠のほか、メインスポンサーとして1000万円の枠も〝つくってはおいた〟。

実は、大田区産業振興協会の皆さんも、私も「まさかどの企業も1000万円は無理でしょう」と思っていたのだ。だから、板東社長にお願いしたのは100万円のつもりで、1000万円の枠があることなど、お伝えしてもいなかった。

ところが、板東社長率いる「NTTぷらら」の方々は、これに気づいてくださったのだ。「NTTぷらら」は「ひかりTV」を運営する企業だから、独自の、新規性が高いコンテンツを常に求めていて、「ボブスレーはそれになりうるから」というのが、スポンサーになってくださった理由だった。

板東社長は、流行のコンテンツに敏感な方で、それまでも、韓流ドラマ、格闘技など、時流に乗ったさまざまなコンテンツを楽しまれていた。そんな板東社長率いる「NTTぷらら」だけに、「新しいコンテンツを見つけ、育てる」感覚があったのかもしれない。たとえば、あのＡＫＢ48にもいまほど有名になっていないころにいち早く目を付け、いまもＡＫＢ48が自ら演じるコント番組などをひかりＴＶ独占で提供している。

「ＮＴＴぷらら」では、私たちのドキュメンタリーをつくってくださっている。

これはわれわれにとってもうれしい話だが、「ＮＴＴぷらら」にとっても、オリンピック出場をめざしたプロジェクトの舞台裏を報じる自主制作のコンテンツを出すことで、新規顧客の開拓やオリジナルコンテンツの充実にもつながるという。かねてより、ひかりＴＶのトライアルで配信する４Ｋテレビ（ハイビジョンの４倍の高精細な映像が映せる次世代のテレビ）対応の番組を制作する計画を立てていたらしいのだ。そして、スピードが速く、遠景と近景を交えながら撮影できるボブスレーは、４Ｋテレビ向けの迫力の映像をつくるのに向いたコンテンツでもあるとのことだった。

たくさんの応援に支えられたプロジェクト

正直に言うと、われわれにとって、１０００万円の寄付は〝貴重〟だった。

まず、ボブスレーをつくるだけでなく、選手の支援ができるようになった。これだけのお金があれば、ボブスレーの運搬費もなんとかなるだろう。それどころか、選手たちを大田区に招いての合宿など、選手たちが喜んでくれそうなことをいろいろと考えられる余裕も生まれた。

しかも、「NTTぷらら」がメインスポンサーについてくれたおかげで、ほかの企業もお金を出しやすくなる可能性があった。

実際、板東社長はある企業の役員から「下町ボブスレーにご出資されているそうですが？」と問い合わせを受けたことがあるそうだが、そのときに板東社長は「早くしないと、スポンサーの枠がなくなっちゃいますよ！」と伝えてくださったそうだ。

われわれは1000万円の寄付がいただけたことで、自信を深めることができたのだ。われわれが目指していること——下町ボブスレーで大田区の町工場の技術力を世界にアピールしたい！——をきちんと説明すれば、企業はその価値を客観的に検討し、それぞれの得意分野でできることを探し、われわれを応援してくださる。

たとえば、ボブスレーの運搬では物流大手の「日本通運」と航空会社の「ANA」が協力してくださり、「ANA」はメカニックらの航空券も提供してくださっている。精密測定機器の総合メーカー「ミツトヨ」はランナーの測定機器を提供するなどしてくださっている。選手たちのユニフォームは、スポーツウェアの大手メーカー「デサント」の提供だ。

精密測定機器の総合メーカー「ミツトヨ」からランナーの測定機器をご提供いただいた（提供：下町ボブスレープロジェクト）

下町ボブスレープロジェクトを始めたころ、第1章でも書いたように、私は最悪失敗しても自腹を切ればいいと思っていた。ところが、蓋を開けてみれば、そんな心配は無用だった。結局、たくさんの方々が応援してくださるようになり、資金面での心配はなくなった。

2013年6月には、中小企業庁の「JAPANブランド育成支援事業（中小企業海外展開総合支援事業費補助金）」に選ばれ、ボブスレーを海外へ運ぶ際に国からの支援を受けられるようにもなった。中小製造業の海外販路開拓プロジェクトとして認められたのだ。

そして、ボブスレーがオフシーズンだっ

た夏の間、下町ボブスレー1号機をさまざまなイベントなどで展示させていただいた。

たとえば、大田区山王にある「マミフラワーデザインスクール」で、フラワーアレンジメントと下町ボブスレーのコラボレーションイベントが2013年7月12日から3日間開催された。8月13日〜9月16日は、東京・千代田区にある「科学技術館」での特別展「下町ボブスレーの挑戦」を企画していただいた。そのほかにも、大田区にある水門通り商店街のお祭りで展示していただいたり、日本工学院専門学校の学生の皆さんから応援フラッグをいただいたりと、さまざまなところでたくさんの方々にお声をかけていただいた。

さらには、こんなうれしいサプライズもあった。大田区出身のミュージシャン・DJ MASTERKEYさんが下町ボブスレープロジェクトのイメージソングをつくってくれるというのだ。「Believe featunring 下町ボブスレー × DJ MASTERKEY」というかっこいい曲が、2013年12月にできあがった。しかも、カラオケ用の音源までつくってくださった。下町ボブスレープロジェクトの公式ウェブサイト（http://bobsleigh.jp/）で聞くことができるので、ぜひ一度聞いてみてください。

すべてをご紹介できないが、たくさんの応援をいただいたからこそ、下町ボブスレーはここまで進んでくることができた。だからこそ私は、何かやりたいことがあるのなら、恥ずかしがらずに、口に出し、とにかく動いてみることをおすすめしたい。小杉クンがそうしたように。

その小杉クンの小さな一歩があったからこそ、下町ボブスレーのいまがあるのだ。あなたの周りにも、あなたのやりたいことを応援してくれる人がきっといるはずだ。一緒に浪花節——いや、下町ブルースを歌ってくださる方が、世の中には、きっときっといっぱいいるし、なにより、この本をわざわざ手に取ってくださったあなた自身も、その一人なのではないだろうか。

この場をお借りして、われわれを応援してくださっているすべての皆さんにお礼を申し上げたい。ありがとうございます！

日本の「モノづくり」の未来を担う日本工学院専門学校の学生の皆さんからいただいた応援フラッグ（提供：下町ボブスレープロジェクト）

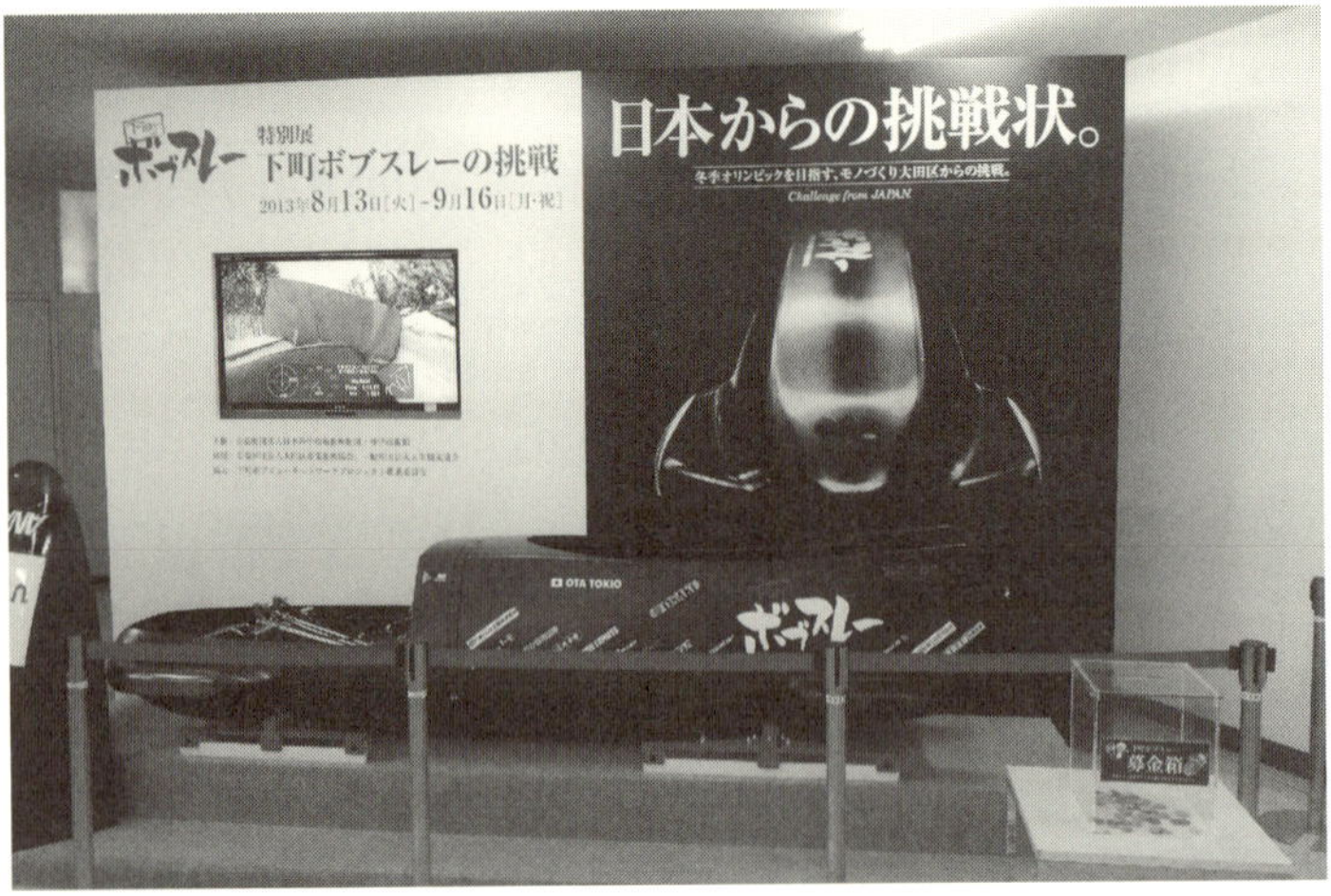

2013年夏に科学技術館で行われた特別展（提供：下町ボブスレープロジェクト）

フラワーアーティストの川崎景太さんによる下町ボブスレー１号機を使ったフラワーインスタレーション。東京にあるデパート「松屋銀座」て提示された（提供：マミフラワーデザインスクール、撮影：中島清一氏）

［夏目幸明のコラム5］

「どうせやるならとことん応援させていただこう」

板東浩二（株式会社ＮＴＴぷらら）

「ＮＴＴぷらら」の社長・板東浩二氏は、下町ボブスレーの開発において、資金面のキーマンとなった人物だ。ＮＴＴぷらら・本社の受付には、書道家の武田双雲氏による「変幻自在」という書が飾ってあるのだが、この言葉に板東氏と細貝淳一氏の共通点を見ることができる。

板東氏はこう話す。

「いまは『変幻自在』に世の中に対応していくことが必要な時代です。

たとえば、ＮＴＴぷららにはインターネット・プロバイダーのイメージがあるかもしれませんが、いまは映像配信事業の『ひかりＴＶ』で成長しています。スマートフォンが伸びている時期をとらえて、『ひかりＴＶどこでも』というモバイル向けのサービスも始めました。

実は、ひかりTVを開始した当初は、周囲からは必ずしも賛同されませんでした。『失敗する』とか、『いまは時期じゃない』とか言われていましたから。

でも、事業はすべて、『伸びて衰退することの繰り返し』なんです。そして、『いかに伸びているところでビジネスをするか』と『いかに先行してネタを仕込むか』が難しい。逆に、周囲の全員から賛同してもらえるときは『時すでに遅し』だと思います。

だからNTTぷららではいま、映像制作にも力を入れ、将来的には『総合メディア企業』と呼ばれる企業をめざして活動しているんですよ」

1995年に設立されたNTTぷららの歩みには、紆余曲折があった。

板東氏がNTTぷらら創業に参画した当初、NTTぷららは「ネットショッピングの企業」だった。しかし、売り上げは伸びず、毎月1億円近い赤字を出すことになった。

そして、1998年に板東氏が社長に就任したときには、親会社であるNTTから「事業を清算せよ」と言われる状況になっていた。だが、板東氏は「資金が続く約半年間は事業を継続させてほしい」と頼み込み、その後、唯一伸びていたプロバイダー事業に特化した。すると、この時期にちょうどインターネットのマーケットが急拡大し、本当に資金がショートする寸前で黒字化を達成できたのだ。実は、NTTぷららが「インターネット・

プロバイダーの会社」と言われるようになったのは、このころからだった。

さらに、２００８年になると、ＮＴＴぷららは大胆な方向転換を始める。当時、ＮＴＴグループでは光回線を使った映像配信サービスの展開を模索していたのだが、ＮＴＴぷららがその大役を引き受けたのだ。「ひかりＴＶ」誕生の瞬間である。

そんな変幻自在の事業展開をはかってきた板東氏と、初めてのことだらけの下町ボブスレープロジェクトを率いようとしていた細貝氏の話が合ったことも、容易に想像がつく。

では、板東氏はどのような経緯で支援を決定したのだろうか？

「最初にお会いしたとき、妙に話が弾んだんです。それで、再度懇親会でご一緒する約束をしました。

確か２回目の懇親会のときだった思いますが、下町ボブスレーのお話を聞き、その内容に引き込まれました。『ボブスレーはハイテクのかたまりで、１５０キロものスピードで氷のコースを……』とか『ねじれる力に対する柔軟性が必要だが、揺れてはいけない』といったお話が非常に興味深かった。

しかも、細貝さんは自費をつぎ込んででもやり抜く覚悟で、ＢＭＷやフェラーリに挑むという。そんな話をお伺いするうちに、何かできることはないかな、と思ったんです」

1回目の懇親会では、板東氏と細貝氏に、板東氏がたまたま知り合いだった細貝氏の取引先の重役（細貝氏いわく「雲の上の人」）も交え親睦を深めたというのだが、後日、板東氏はその「雲の上の人」から報告を受けることになる。

「『この前の細貝さんが、テレビに出てるよ！』とおっしゃるんです。しかも、海外のテレビに。NHKが世界に配信していた番組に出て、ボブスレーへの思いを語っていたんですよ」

そんな偶然もあって、2度目の懇親会のときには、ボブスレーのことを話し込んだ。板東氏が「何で始めたんですか？」と質問すると、細貝氏は「ちゃんとつくれるところを、世界に見せてやるんですよ！」と鼻息が荒かったという。

もちろん、社長とはいえ、企業を率いる人物が情に流されて出資するわけにいかない。当然、板東氏には読みがあった。

「ひかりTVでは2013年から、4Kの映像（ハイビジョンの4倍の高精細な映像）をトライアルで配信します。ネットの世界と技術の世界は変化が激しく、数カ月前はありえなかったことが、今日は常識になっている、ということも起きます。

ちょっと油断をすれば、間違いなく、すぐに置いて行かれてしまうんです。だから、われわれは常に新しいコンテンツを探しています。

そして、担当の社員たちに『4Kの映像を流すなら、4Kで撮るべきコンテンツを探してくれ』と話をしていました。そのような中、ボブスレーの映像は、4Kで放送するにふさわしいと判断しました。そこで、『弊社に説明に来てくださいよ』とお願いしたんです。最初は『100万円をなんとか』というご相談だったように思います。でも、下町ボブスレーの公式ウェブサイトを見たら、1000万円の枠があることがわかり、当社としてもメリットが大きいと判断し、『どうせやるならとことん応援させていただこう』と考えました」

こうして、大田区産業振興協会の小杉氏らが「まさかこの枠はスポンサーつかないよね」と話し合いながらつくった枠が売れ、大田区産業振興協会と細貝氏の間で交わされた「100万円じゃありません、0が1個多いんです！」というセリフが生まれた。

その瞬間、細貝氏は一瞬にして頭をめぐらせたという。1000万円を、2000万円、3000万円、いや、1億円にしてお返ししたい。そのために、何をどうプロデュースしていくか？

そのためには、下町ボブスレーの活躍がなによりも重要だ。スポンサーのステッカーを貼った下町ボブスレーがさまざまな大会で走り、イベントに出たりすれば、そのたびに「ひかりＴＶ」のロゴをたくさんの人たちに見てもらえる。実際、下町ボブスレーに貼られるなどした「ひかりＴＶ」のロゴは、夜のＴＶニュースや特集番組などで何度も映し出されている。

板東氏はこう話す。

「私が読めなかったのは、ここまで大きく盛り上がったことですよ。広告費に換算すれば、1000万円分はとっくに超えていますね。しかも、ひかりＴＶは下町ボブスレーのドキュメンタリーも撮影させていただいています。それは下町ボブスレーとひかりＴＶのコラボ商品、貴重なコンテンツですよ」

実は、もうひとつ、ひかりＴＶと下町ボブスレーのコラボレーションによって生み出されたものがある。「下町ボブスレー1号機チョロＱ」だ。下町ボブスレー1号機を模したチョロＱに、ＮＴＴぷららのキャラクターである「ひかりカエサル」が乗っている。

その経緯はこうだ。まず、下町ボブスレーチョロＱをつくろうと考えた細貝氏らが、玩具メーカーへ相談してみた。すると、一定量をつくらないと採算が取れず、難しいということがわかった。そこで、細貝氏が板東氏に相談を持ちかけ、玩具メーカーの役員と面識があった板東氏が「ＮＴＴぷららがノベルティグッズとして一定量つくり、うち数千個を下町ボブスレー側が買い取る」と形で話をまとめたのだ。

板東氏が、そのチョロQを触りながらうれしそうに話す。

「これをプレゼントすると、とくに女性や子供たちにすごく喜ばれるんです。これまでにない新たな層に、ひかりTVをPRできると考えています」

［夏目幸明のコラム6］

「モノづくりの応援団になろう」

角田浩司（白銅 株式会社）

角田浩司氏が社長を務める「白銅」は金属材料の専門商社だ。角田氏と細貝淳一氏との縁は、細貝氏が26歳で起業した1992年ごろにまでさかのぼる。

そんな細貝氏との長い関係もさることながら、角田氏はなぜ下町ボブスレーを支援しようと思ったのだろうか？

「大田区の方たちは、素材を供給する私たちのような企業のお客様なんです。そして、大田区では日本のお家芸であるモノづくりが、人件費の高騰など、環境の変化もあって、曲がり角を迎えています。しかし、外部環境のせいにしていては、成長できません。

私たちは、町工場の皆さんが使う材料の選択肢を増やすことで、大田区の方たちを応援したいんです。だから、社員には、ことあるごとに『モノづくりの応援団になろうよ』と言っています。売りたいものを売るのでなく、お客様に『こんな素材もありますよ』と提案し、お客様の問題解決をする。そんな企業になることをめざしています」

独立系専門商社の「白銅」は、素材メーカーと違い、「この材料を売りたい」「この材料は売れない」という縛りがないことが強みなのだという。ちなみに、「白銅」がもっとも多く卸している金属はアルミなのだそうだが、角田氏のお話を聞いていてなによりも印象的だったのは、取り扱っている商品についての話がいつのまにか志の話に変わっていた点だ。

「アルミは宇宙・航空機分野など、さまざまなところで活用されていますが、私たちは、原点をしっかり見ています。

ここでいう原点とは、私たちの生活は道具によって豊かになったということを指しています。古くは土器や矢じりにはじまり、産業革命で生まれた蒸気機関車などを経て、最近の進化で言えば携帯電話でしょうか。それらの道具が生み出されたからこそ、われわれの生活は非常に豊かになったのだと思います。

そして、道具は『モノづくり』によってこそ生み出される。そのことを忘れてはいけないと思います。人間生活を豊かにするカギは、モノづくりにあるんです。そのことを社員たちにもはっきり伝えるために、下町ボブスレーを支援させていただいたのです」

［夏目幸明のコラム7］

「下町ボブスレーが生き物に思えた」

川崎景太（フラワーアーティスト）

ほかの人にはマネできない方法で、下町ボブスレーを応援している人がいる。大田区に活動拠点を置く、フラワーアーティストの川崎景太氏だ。

川崎氏は「マミフラワーデザインスクール」を率いる、現代フラワーデザイン界のリーダー。空間デザインなどの分野でも活躍する、世界的アーティストだ。

まず、196ページ下段の写真を見てほしい。川崎氏が下町ボブスレーを使ってつくったフラワーインスタレーションだ。この作品は、2013年5月23日～28日にかけて東京にあるデパート「松屋銀座」で展示された。

左ページの作品も、川崎氏によるものだ。こちらは、2013年7月12日～14日にかけて大田区山王にあるマミフラワーデザインスクールで展示された。

フラワーアーティストの川崎景太さんによる下町ボブスレー1号機を使ったフラワーインスタレーション。マミフラワーデザインスクールで展示された（提供：マミフラワーデザインスクール、撮影：佐々木智幸氏）

川崎氏と細貝淳一氏の出会うきっかけをつくったのは、細貝氏の友人でもある「ナイトペイジャー」の横田信一郎氏だ。横田氏に細貝氏を紹介され、川崎氏は一言目にこう言ったという。

「『なんだか同じ匂いがするよ。楽しいこと好きでしょ？』とお話ししました」

下町ボブスレーのプロジェクトが始まるずっと前の話だ。そのときのことを細貝氏に聞くと、笑いながら「お互いポジティブなんですよ。私が『やって』とお願いすればやってくれるし、もし景太さんに『やって』と言われれば私もやる。ただ、私が頼まれるケースはほとんどないけど（笑）」という答えが返ってきた。

細貝氏から下町ボブスレーの話を聞い

たときも、川崎氏の反応は極めてポジティブだった。川崎氏の感想はこうだ。

「私には、下町ボブスレーが生き物に思えたんです。無機物でなく、有機物。そのとき、私の中に、作品のイメージが生まれました。

たとえば、ボブスレーが走ったあとに草木や花が芽吹く作品。7月にマミフラワーデザインスクールで展示した作品です。下町ボブスレーが通ったあとには、人の夢という名の花が咲く。そんなイメージを花を使った物語にして表したいと思いました」

しかも、そこには仕掛けがあった。

「下町ボブスレーの物語を知れば、応援したくなりますよね。そこで、作品の中にみんなで花を1本ずつ生けられるようにました。命あるマシンに、花を1本ずつ投じていただきたいと思ったんです。

人間というのは、一人じゃ生きていけないですよね。だから私は、本能的に、人と分かち合える人が好きなんです。

そして、細貝さんは分かち合える人なんだと思う。実に多くの人たちを動かし、その才能を受け止め、花を咲かせている。彼は――たぶん、富や名声にこだわるような人ではなく、あと40年後か50年後かに彼の人生が閉じるとき、『私は多くの人々と感動を分かち合えたから幸せだったのだな』と目をつぶる人なんですよ。私はそう思っています」

第6章

下町ボブスレー2号機・3号機をつくれ！

海外でも注目をあびる「ダウンタウン・ボブスレー」

２０１３年に入ると、われわれは驚くべき勢いで、支援の輪が広がっていくのを見た。「見た」というとまるで他人事のようだが、もうその広がりは私個人の力だけは到底およぶものではないのだから、やはりその様子を「見た」というのが合っているように思う。

うれしかった出来事はいくつもある。

実は、プロローグに書いたソチ視察の少し前の1月に、国際ボブスレー・トボガニング連盟のフェリアーニ会長が来日していた。その際に、下町ボブスレー1号機を見たフェリアーニ会長からは「ダウンタウン・ボブスレーはレベルが高い」との評価をいただいていた。ダウンタウン・ボブスレーとは、もちろん、下町ボブスレーのことである。

ボブスレーはヨーロッパ発祥のスポーツだから、ご当地の方たちからは「アジアではあまり盛り上がっていない」ように見えていたらしい。そんな中、日本で、東京・大田区の面々が「オールジャパンでフェラーリに挑む！」「めざせ金メダル！」などと言い出し、下町ボブスレーが盛り上がり始めたのだ。彼らは、こうした新たなムーブメントが起きていることを、たぶん、喜んでくれていると思う。

2月には、素敵なゲストとお会いした。新聞で下町ボブスレープロジェクトの記事を読んだ名古屋の高校1年生がその感想を書いて日本新聞協会の「第3回いっしょに読もう！新聞コンクール対話賞」を受賞したのだ。

彼は「資源を持たない日本が世界と渡り合えているのは、このものづくりの知恵たる知的財産があるからで、それを切り売りしては日本に未来はない」「このような状況に流されることなく踏みとどまっている人たちにエールを送りたい」と書いてくれていた。

われわれは「下町」である。義理や人情で動く、小さな企業が寄り集まって成立している工業地帯である。

こういう真摯な想いには、真摯な態度で返すのがわれわれの流儀だ。すぐに小杉クンたちが連絡を取ってくれた。そして、「下町ボブスレーが大田区で展示されているので、乗りに来ませんか？」とお伝えした。

すると、2月9日に、名古屋から家族で「おおた工業フェア」に来てくれたのだ。下町ボブスレー1号機に試乗してもらい、日本ボブスレー連盟との共同記者会見後には大田区

長や下町ボブスレープロジェクトの仲間たちと記念撮影をした。

続いて、2月14日から18日にかけ、ソチのオリンピック会場を視察させていただけることになった。

この視察が可能になったのは、特別な人脈があったからだった。国際リュージュ連盟アジア地区担当コーディネーターの栗山浩司さんが力を貸してくれたからだ。

栗山氏は、1980年レークプラシッド開催のオリンピック冬季大会にリュージュの選手として出場している。その後、日本オリンピック委員会（JOC）などでの仕事を通し、ドイツのチームや国際ボブスレー連盟とも深い絆を持っており、われわれの視察旅行を可能にしてくれた。栗山さんのお話は、〈コラム8〉に詳しく載っているから、そちらをお読みいただきたい。

ソチに行って驚いたのは、海外の選手たちも「日本がなにかやってくれるそうじゃない」と、いつの間にか「ダウンタウン・ボブスレー」を知っていたことだ。選手たちは口々に「新しいソリをつくっているんだって？」「日本製ってことはさぞかしすごいものができるんだろうね！」「速いソリができたら俺も乗りたいな（笑）」などと言ってくれた。さすが、スポーツマン。彼らは、ハイレベルの競技を望んでいるのだろう。

このとき、われわれはソチの雰囲気を満喫して帰ってきたのだが、実際に足を運んでみて、ソチの意外な側面がいろいろとわかった。

ソチは、年間を通し、実は温暖だ。年間平均気温は約13度。オリンピックが開催される2月の平均最高気温は約10度で平均最低気温は約2度。氷点下になることはなく、われわれが視察をしていた2月中旬は、なんと、東京のほうが寒かったほどだ。

当然、そんなソチの市街地でオリンピックが開催されるわけはなく、ボブスレーの会場はソチ市街からは離れた山の中にある。

そしてもうひとつ、意外だったのは、2月の段階でまだ空港から市街へと向かう道路などが舗装されてなかったことだ。ロシアという国は大変に広いから手が回らないのだろうか、日本人に比べのんびりとしているのかな、などと考えさせられる光景だった。下町ボブスレーがオリンピックに出場でき、また、ここに来ることができればよいのだが……などと思いながら、私はとんでもなく広い地平線を眺めていたことを覚えている。

ソチから帰国すると、2月28日にまた驚くようなうれしい出来事があった。衆議院本会議で行われた安倍総理の施政方針演説で、下町ボブスレーの挑戦が紹介されたのだ。魅力ある地域をつくるカギは、地域ごとの創意工夫を生かすことにある、という内容だった。

「“ちいさな企業”成長本部」の初会合で、大田区の町工場「フルハートジャパン」を訪れた安倍晋三首相（中央）。右端は、大田区の松原忠義区長（提供：下町ボブスレープロジェクト）

そう、何もボブスレーだけでも、モノづくりだけでもないはずだ。日本にはきっと、個性的な技術や研究がいっぱいある。下町ボブスレーの挑戦が、日本全国のみなさんを勇気づけるものであるのだとしたら、これほどうれしいことはない。

　この出来事の背景には、長谷川榮一さんのお力添えがあった。第1章で紹介した飲み会へ来てくださった、あの長谷川さんだ。長谷川さんは、安倍内閣総理大臣補佐官を務めていらっしゃったのだ。

　また、このエピソードには伏線となる出来事がもうひとつあった。前日の2月27日に、なんと、下町ボブスレーのプロジェクトメンバーでもある大田区の町工場「フルハートジャパン」に安倍首相がいらっしゃったのだ。中小企業庁による「〝ちいさな企業〟成長本部」

の初会合だった。安倍首相は、今後の日本経済のために、われわれのような中小企業の躍進は欠かせないと考え、中小企業の経営者らと車座になって、意見交換をしてくれた。

右の写真はそのときに撮影したものだ。安倍首相は「日本を盛り上げるためにも、ぜひ、がんばってくださいさい」と激励してくださった。

一方で、このころになると私は、「大田区に注目が集まるのはうれしいが、選手や監督よりも目立ってしまってよいのだろうか？」という思いも頭をよぎるようになっていた。

だが、「われわれが目立つことにより、選手や監督にもメリットがないわけではない」とも思った。資金が潤沢になれば、海外への輸送なども可能になり、知名度が上がれば、将来的に予定している選手のトライアウトにも多くの人が集まってくれるに違いない。だから、より多くの人に下町ボブスレーを知ってもらおうという方針は堅持した。

初の海外遠征に向けて、1号機を改修

一方、私たちがソチにいたちょうどそのころ、東京・大田区では、3月6日・7日にレークプラシッドで開催されるノースアメリカンカップ出場に向けて、下町ボブスレー1号機

下町ボブスレー1号機（後ろ）・2号機（前）とプロジェクトの主要メンバー。全員が手元でしているのが、下町ボブスレーの決めポーズ「ボブピース」。グッジョブとビクトリーを表現している（提供：NTTぷらら、撮影：金子信敏氏）

の改修作業が佳境を迎えていた。

選手たちの操作をより正確にランナーへと伝えられるように、ハンドリング性能を向上させ、滑走中の振動をなるべく抑えられるように全体的な調整を行った。とくにブレーカー（後ろに乗る選手）から「振動が大きいかも」という意見をいただいていたのだ。

第4章で紹介したように、1号機はあえてたわみやすくつくっていた。そのほうが、バウンドをするような余計な動きが少なくなり、氷の面に張りつくような滑りになり、結果的にスピードが速くなると考えたからだ。

しかし、選手が「振動が大きい」ということは、たわませすぎだったのかもしれないと考え、フレームとカウルがしっかりと組み上がるように仕上げることになった。

1号機の改修作業は、レークプラシッドに向かう前々日、ギリギリまで行われた。

そうして、バージョンアップした下町ボブスレー1号機は、2月21日の早朝に羽田空港から飛び立ち、レークプラシッドに向かった。この輸送では、「日本通運」の皆さんが協力してくださった。

レークプラシッドには、私は行かなかった。ソチに行ったばかりということもあるが、このころになると、自然と役割分担ができてきていて、みんなに任せればいい状況だったのだ。

役割分担としては、対外的な交渉は私。そして、ボブスレーの設計全般を見ているのが「東レ・カーボンマジック」の糸川さんと「マテリアル」の鈴木さん。大田区産業振興協会の奥田さんや小杉クンのほか、城南信用金庫から大田区産業振興協会に出向している松山武司さんなどが、大田区の立場から下町ボブスレーをサポートしてくれる。右ページの写真に写っているのが、中心になって下町ボブスレープロジェクトを支えてくれている面々だ。

もちろん、下町ボブスレーの仲間はこれにとどまらない。この写真には写っていない仲間も、名前をあげていったらきりがないくらいたくさん参加してくれている。

私は、下町ボブスレーを、みんながさまざまな経験を積むことができる機会にしたかった。チームは、みんながやりたいことをやって、全体がうまくいくのが一番いい。

ボブスレーの長い歴史の中で、日本製が世界の舞台に立つ記念すべき日を、われわれは迎えようとしている。ワクワクして仕方がなかった。でも、私は東京でレークプラシッドの状況を聞いていた。私ばかりが楽しみを独占してしまってはいけないのだ。

試行錯誤が結実し、海外戦で初滑走！

レークプラシッドには、「マテリアル」の鈴木さんが同行していた。

ところが、改修後の1本目のテストで、トラブルが発生した。カウルに割れが生じてしまったのだ。実は、ブレーカーがボブスレーを押すときに持つ部分の位置の高さを調整するために、一度切り離して再結合してあったのだが、そこの強度が落ちていたのだ。応急処置で対応でき事なきを得たが、ボブスレーづくりの難しさを感じた瞬間だった。

実を言うと、勝負はこれからだった。

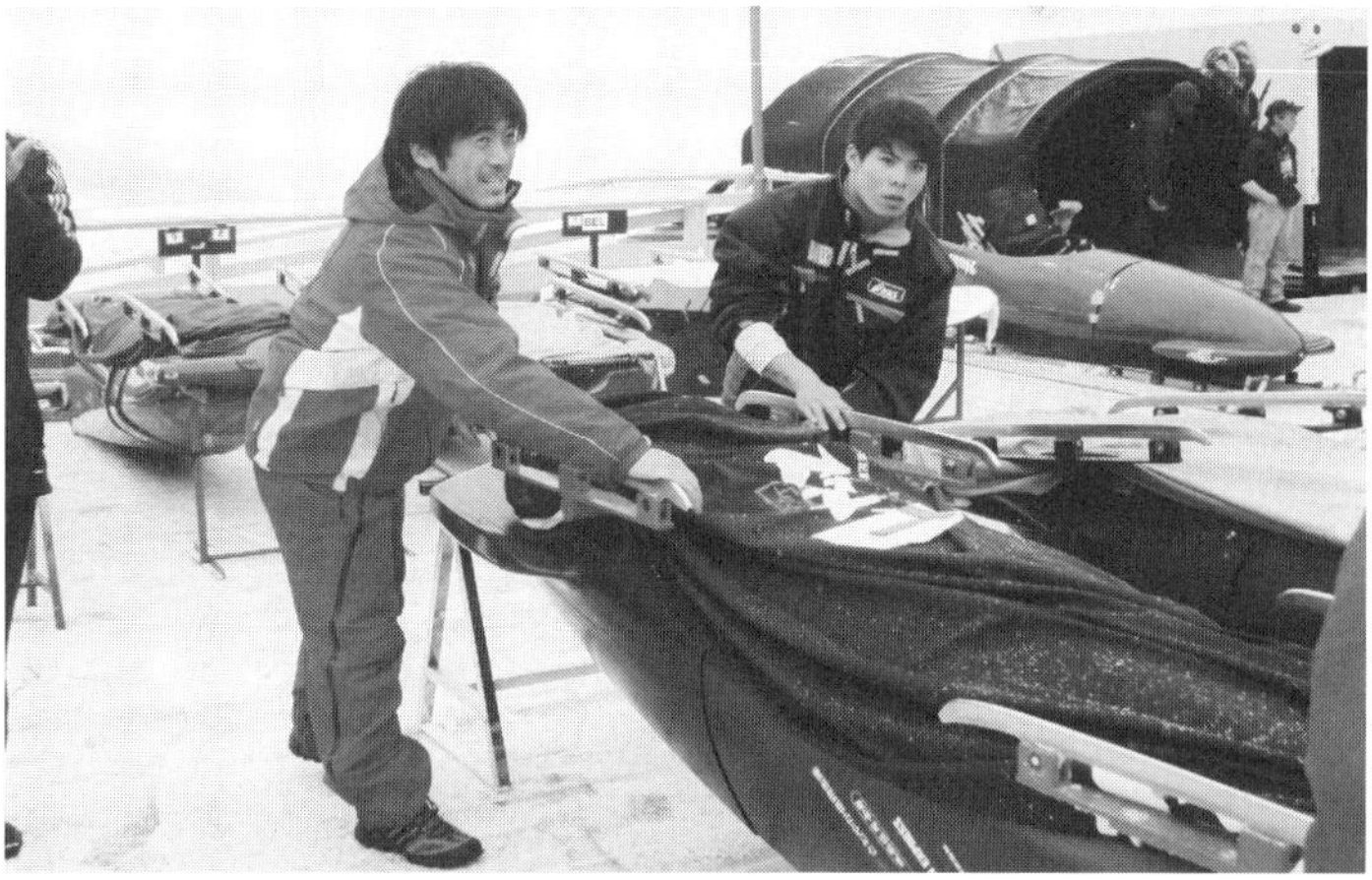

2012年2月に、レークプラシッドに到着した下町ボブスレー1号機に触る鈴木寛選手（左）と黒岩俊喜選手（提供：下町ボブスレープロジェクト）

ボブスレーは、自動車のような製品に比べれば部品点数は多くない。仙台大学にお借りしたソリをまねつつ、設計を見直し、できる限り改良したものをつくるなら、大田区のノウハウがあれば対応できた。

ところが、試走を繰り返し、選手の意見を聞き、修正を加えていく過程には、さらに未体験の世界が広がっていた。選手が訴える「ちょっと揺れがグオーンと来る感じ」といった感覚的な違和感を、どのように捉え、ソリを改造するか――。それこそが、われわれの腕の見せどころだった。

試行錯誤があってこそ、技術は進化する。何か教科書があって、その通りにつくっているわけではないので、当たり前と言えば当たり前なのだ。失敗はできれば避けたいもので

2012年2月に、レークプラシッドでスタートを切る下町ボブスレー1号機（提供：下町ボブスレープロジェクト）

はあるが、と同時に、失敗があるからこそ面白い発見もあるのだ。

試行錯誤と言えば、素材だっていろいろある。

たとえば、設計図に「材質 ゴム」としか書いてあったとする。すると、ゴムを扱っている企業の社長が「ゴムっつってもいろいろあんだよなぁ」と言う。ならば、どんなゴムを選べばベストなのか。それを考え、改良していくのは私たちだ。

仙台大学のボブスレーでは溶接でつながっていた部分を見直して、一体成形を増やしたのも試行錯誤と言える。一体成型とは、ようするに削り出しだ。大きな部品を組み立てていっつくるのではなく、大きな素材を削っていって最終的な形にする。第3章で出てきた「フロントバンパー」も一体成型した部品のひとつだ。これによって強度が増すばかりでなく、軽量化が可能になる。しかし、同時に「どこまで軽くしていいのか」「軽くすることで何らかの弊害が出ることはないか」をいうことも考えていかなくてはいけない。

われわれにとって、最大の試行錯誤はランナーだ。これに関しては、1号機から日本製で行くのは無理だった。時間もないし、実績もない。

われわれはそれまでドイツ製のランナーを使い、レークプラシッドでも同じものを使うことになっていた。しかし、われわれがランナーをつくらなければ、それは嘘になる。絶対に、オリンピックにも日本製のランナーを持っていきたい。そのためには、どんなランナーが速いのかを研究する必要があった。

そのような試行錯誤を象徴するかのように、レークプラシッドでは下町ボブスレーが海外戦で初滑走を迎え、まずまずの成績を収めていた。

下町ボブスレーは、ノースアメリカンカップ当日までにマテリアル・チェック——いわゆる車検のようなもの——を受け、正式に出場許可を得ていた。海外戦で初滑走は3月6日のノースアメリカンカップ第8戦。パイロットが鈴木寛選手で、ブレーカーは黒岩俊喜選手だった。

初滑走の結果は、11カ国・20チームがエントリーしていた中、上位と僅差の7位を獲得。タイムは、1本目が「57秒06」、2本目が「57秒98」、合計「1分55秒04」。トップとの差は「プラス1秒13」だった。ちなみに、このときの優勝は韓国チームで、2位、3位はアメリカチームだった。

翌日、10カ国19チームがエントリーした第9戦でも滑ったのだが、こちらの成績も同じ7位。世界との差を実感した瞬間でもあったが、下町ボブスレーの初参戦を終えたあとのボブスレー日本代表の石井和男監督のコメントは次のようなものだった。

「触ってわかることは、このソリは本当に丁寧につくられているということです」

下町ボブスレー2号機の設計に着手！

そのようなレークプラシッドの状況を気にしながらも、実は、われわれはすでに次のボブスレーの設計作業に入っていた。

2013年2月25日には、「大田区産業プラザPiO」で、下町ボブスレー2号機の開発についての説明会を行っていたのだ。

このとき、18時半からの説明会に集まったのはなんと97社。たくさんの企業が、下町ボブスレー2号機の開発の主旨を聞きに集まってくれた。まず、入口でアンケートを配布し、自社が得意な分野を記入してもらったのだが、切削、研磨、溶接、板金、熱処理、メッキ、アルマイトなど、それぞれが得意分野を持っていた。

その後、私が昨年までの経過を説明し、今後の計画を発表。真剣な質問が続々と寄せられた。「オリンピックには出られる見込みはあるのか？」「世界との差は具体的に何秒なのか？」といった今後の展開について聞かれることもあれば、「1号機がどのような構造で、どんな部品が使われているのか？」といったモノづくりに直結した質問もあった。

その後、2号機の準備は、レークプラシッドから戻ってきた1号機の調査と修理を行いながら、進められた。

再び、2号機の全体開発会議を開催したのは、２０１3年5月21日。集まったのは、およそ50社だった。

この日、われわれはみんなを驚かせるプランを練っていた。2号機と3号機、一気に2台のソリをつくってしまおう、と考えたのだ。会議の冒頭で、そのことを私が発表すると、多数の企業が集まったホールには多くの驚きの声が上がった。

当然、3号機をつくるべき合理的な理由があった。

ボブスレー日本代表は、ソチオリンピックの出場権を獲得するため、2013年10月から始まるシーズンに参戦し、北米を中心に行われるさまざまな国際大会で滑走し、ポイントを獲得しなければならない。だがすでにご存じのように、ボブスレーの往復には多額の輸送費がかかるのだ。

それならば、同時進行で新型を2台製作し、2号機は海外遠征専用にして国内には戻さず、実戦データを取得するために使う。そして、3号機を国内に配備し、そこにデータを反映させていく。そうして、完成度を高め、ソチへはこれを送り込む、という計画だ。

しかも、1号機も含めると、性能が異なる3機のボブスレーでソチオリンピックを迎えることができる。

それもこれも、たくさんの企業が参加し、スポンサーをはじめたくさんの方たちが大いに盛り上げてくれたからこそ可能になった計画だった。

最後に、1号機の開発で使った図面約150枚をテーブルに並べ、参加した企業の経営者や技術者に見てもらった。それぞれが加工できそうなものを考え、「ここはウチでつくれる」と思った場合は、社名を図面に書き込んでもらったのだ。

選手がもっと乗りやすいボブスレーをめざして

全体開発会議の結果をふまえ、われわれは「東レ・カーボンマジック」と「ソフトウェアクレイドル」の皆さんのご協力を得て、2号機・3号機の設計を再開した。6月末には、図面を完成させ、7月には図面を配布しなければ、10月から始まるシーズンに間に合わない。

時間に限りがあるとはいえ、2号機では、1号機ではできなかなった工夫を凝らしたかった。

奥副社長はよく「レーシングカーは未明にできあがる」とおっしゃっていた。名言だと思う。選手に少しでもよい条件で走ってもらうためにやるべきことは山ほどあって、ギリギリまで作業していると、マシンの完成は結局、未明になってしまうというのだ。

奥副社長は、「マシンができあがった瞬間のうれしさなどない、マシンはできあがった瞬間、それはもう過去のもので、私は興味がない」ともよくおっしゃる。ようするに、常に未来に目を向けていると、1号機はむしろ「ああすればよかった」「こうすればよかった」

のカタマリなのだ。

勝負はここからだった。われわれは、1号機をマネるだけでなく、基本的な「設計思想」を変え、進化させていかなければならない。1号機の成功を捨て、2号機と、ランナーをつくるべき時を迎えていた。

2号機・3号機の基本設計にあたって、われわれが立てた方針には3つの柱があった。


1つ目は、「小型軽量化」だ。

ボブスレーのレギュレーションでは最大重量のほか、最小の重量も定められている。男子の2人乗りの場合、ソリ単体で170キロ以上との定めだ。しかし、われわれは2号機の重量を135キロにまで軽量化すべく設計した。

レギュレーションより軽くつくる理由はシンプルだ。軽くつくっておけば、ボブスレーの中に重りを積み込めるからだ。

ボブスレーは自動車同様、重心を中心付近に置くことで、たとえばカーブのときに左右に振られにくくなるなど走行が安定する。走行が安定すれば、選手は理想的なカーブを選択しやすくなる。ボブスレーに乗った選手が自らの重心を移動させ、ボブスレー全体の重心を調整することもできるが、それだけではあまりにも選手の負担が大きい。

しかも、乗る選手によって体重も乗り込む位置も異なるし、コース状況だって変わる。初めからレギュレーションの最大重量のボブスレーをつくってしまうと、選手やコースの状況にあわせて重心を調整しようとしても不可能だ。

そこで、ボブスレー本体を極限まで軽くつくり、あとから重りを積み込むことで、重心点を常に理想的な場所へ調整できるようにしたのだ。本体が135キロなら、重りを35キロ積むことができる。小型軽量化は、まさにわれわれの得意分野だ。

2つ目の特徴は、「振動吸収性能の向上」だ。

下町ボブスレー1号機では、ボブスレーの骨格にあたるフレームは、上から見たとき「井」の字の型をしていた。縦に2本、横に2本。当然だが、強度は高い。しかし、この形だと、何かにぶつかったりしたとき、その衝撃によって生じた振動が「井」の部分を何周もしてしまい、揺れが続いてしまうのだ。

われわれは、1号機の揺れに対し、選手が違和感を持ったのは、この構造が原因ではないかと考えた。

そこで、2号機ではこの部分を上から見たとき「П」型にした。横の2本のうち、後ろのほうの1本をなくしたのだ。これなら、揺れが何周もすることはない。

加えて、そうして揺れを止めるだけでなく、揺れを逃がす方法を考えれば、より安定性の高いボブスレーをつくれるのではないかと考えた。具体的には、フレームを楕円《だえん》形の円錐の棒でつくることにした。1号機のフレームは四角い棒だった。

楕円形をした円錐の底になるほう（円が大きい方）が前、円形に近いとがったほう（円が小さいほう）が後ろである。この形状なら、ボブスレーの前から後ろに振動が伝わる際に、振動が小さくなっていくはずだ。

しかも、軽量化を考えているから棒の中は中空でなくてはならないのだが、その複雑な形状の部品のつくり方は町工場の仲間たちが試行錯誤し考えてくれた（その様子はのちほど紹介したい）。

さらには、氷から伝わる衝撃そのものを吸収する方法も考えた。「ランナーキャリア」という、ランナーをつける部品には、バネ特性がある鋼材を使い、接合部にはゴムの部品を挟み込むなどすることにした。

ただ、ランナーキャリアの、ランナーの揺れを受け止める部分の金属は、どれくらいの厚さがよいのかがわからなかった。だから、金属の肉厚が7・5ミリ、8・5ミリ、9・5ミリの3種類をつくり、実験することにした。

3つ目に、われわれは「選手の要求への徹底対応」を掲げた。

1号機の製作時は、まだ日本ボブスレー連盟との関係ができておらず、「せめてなにかを持って行かなければ相手にもしていただけないだろう」と考え、とにかくボブスレーをつくりあげることを最優先した。しかし、今回はじっくり選手の要望を聞き、最高品質のボブスレーをつくることができる。

振動だけでなく、操作性、持ち手の形状、重心の位置など、選手の感覚を頼りに問題点や改善点を発見し、これをモノづくりの力で実現していくのだ。

大田区で日本代表選手のトライアウトを実施!

その一方で、われわれは、夏のうちにできることを次々に提案した。

まず、5月26日に東京都立つばさ総合高等学校で、日本ボブスレー連盟による選手のトライアウトが行われた。全国から、陸上競技の選手、アメフトの選手など、応募者は総勢46人。「体が大きく、かつ瞬発力とパワーを兼ね備えたアスリート」を求めて、連盟は、ラグビーのトップリーグ、日本プロ野球機構、Jリーグなど、他の競技団体にも今回のトライアウト実施を広く告知した。すると、もう夏が近いからか、日焼けし、しかも山のような体格の選手たちが集まってくれた。

実は、脇田さんが元は円盤投げの選手だったように〈〈コラム3〉で紹介〉、ボブスレーは他競技の選手がトライアウトを通して参加する場合が多い。そして、20メートル走、60メートル走、立ち五段跳びなどを通し、8人の選手たちが選ばれた。

このころには、日本代表監督の石井さんからも、ご依頼をいただけるようになっていた。ボブスレーの選手は、ボブスレーを押すスプリント力を鍛えるために、「プッシュ台車」と呼ばれる道具を使って練習を重ねる。プッシュ台車は、引っ越しの時に使う台車に重りを載せたような形状をしている。

石井監督によると、これが壊れてしまったというのだ。取っ手が曲がってしまったらしい。

それなら、新しい取っ手に付け替えればいいと思い、すぐにお引き受けすることにした。実際の作業は、溶接が得意な近所の町工場「アストップ」の照屋昌一さんにお願いをした。石井監督とともにプッシュ台車を持ち込むと、照屋さんは手慣れた手つきで「おお、こんなの簡単、簡単」と、曲がったところをバーナーで豪快にぶった切って、新しい継ぎ手を溶接してくれた。石井監督と私は、その様子を一緒に見守った。

そして、6月30日から7月5日にかけて、大田区の平和島ユースセンターにトライアウトで選ばれた選手候補たちが集まり、第1回ボブスレー強化合宿が行われた。この強化合宿では、ステンレス製の「プッシュ台車」が大田区の町工場から贈られた。台車の設計は「マテリアル」の鈴木さんが行い、パイプ曲げや溶接などはそれぞれ得意な町工場が行い、部品も無償提供していただいた。

さらには、強化合宿の期間中に、代表候補選手たちを招き、下町ボブスレーネットワークプロジェクト推進委員会が企画したバーベキューを開いた。また、7月に2人乗り用のランナー素材（4セット）を追加購入した際には、石井監督からの依頼で4人乗り用のランナー素材（2セット）を代理で手配したりもした。

そうして、われわれは監督や選手たちと交流を深めていった。

町工場のネットワークが力を発揮！

2号機・3号機の部品発注会議は、7月8日に行われた。会場は、1号機のときと同じ「Ｐｉｏ」だった。

会議の冒頭、私から、新型ソリのコンセプトを発表した。マシンの全長を1号機より短くし、軽量化するほか、斬新なフレーム構造やハンドリング機構などの選手の要望に応えるための工夫が盛り込まれていることを説明した。

10月初旬までに完成させ、海外遠征で使用する予定だった。

1号機の部品発注会議は2012の9月18日だったのだから、あれからまだ1年経っていなかった。

この日集まってくれた大田区の企業は60社。そのほかに協力を申し出てくれた企業も合わせると、合計70社以上だった。1号機の参加企業30社に比べると、倍以上の企業が集まってくれたのだ。しかも、2号機・3号機に使う金属材料は金属材料の専門商社「白銅」が提供してくださり、ネジについてはネジの専門会社「馬場」が提供してくださる。非常に心強かった。

2号機・3号機では、部品点数が多くなり、かつ、製作数も多くなった。2機つくるのだから、単純に計算しても1号機のときの2倍にはなる。

しかも、ランナーキャリアなどは7・5ミリ、8・5ミリ、9・5ミリの3種類つくって実験を行いたかった。ランナーキャリアは4本で1セットだから、計24本つくることになる。こういうことができるのも、参加企業が増えてきたからこそだ。結局、ランナーキャリアは1号機のときから参加してくれている「関鉄工所」と、2号機・3号機から新たに参加してくれた「協福製作所」で12本ずつつくってもらえることになった。「協福製作所」は、「部品製作パートナー」というスローガンを掲げている溶接加工などが得意な会社だ。

これこそが、大田区の強みだった。板金、切削、研磨、塗装などなど、複合的な加工が、いわゆる「しょうゆの貸し借りができる距離」の中にあり、切って、削って、くっつけるなどといった作業が短納期でできる。私たちの売りは「短納期」で「さまざまな形状・素材・加工に対応」することだ。

私は、このプロジェクトを通して、大田区の特殊性を活かしたいと思っていた。そのためにも、われわれは連携が欠かせなかった。

しかも、東京・大田区には羽田空港がある。われわれがつくった部品は、翌日にでも、海外にまで届けることができるという強みがあった。

おそらく、「図面は遅れてしまったが、モノは早くほしい」などという出来事は、日本だけでなく、世界中で起きていて、羽田空港を上手に活用すれば、われわれはそんなニーズに応えることができるのだ。

たとえば、ＩＴ産業が盛んなシリコンバレーでも、最後は必ず、モノをつくることになる。しかし、現場ではきっと、今日も英語で「おい、図面がこんなに遅れてたら、時間がないじゃないか！」とか「こんな形の部品、どこへ発注していいかわかんないよ！」とか「どこかこの部品を一括して引き受けてくれるところはないだろうか？」といった会話が交わされているに違いない。書いているだけで、「ああ、ウチにお任せいただければ！」と思うし、大田区の企業が力を合わせれば、どんな要望にも応えられるだろう。

2号機には、さまざまな企業が連携したことの象徴ともいうべき部品がある。「アクスル」だ。左右のランナーをつなぐ、車で言えば車軸にあたる部品で、ボブスレーの前半分と後ろ半分で計2本使う。

レギュレーションでは「最小外径44ミリの直線状」「切れ目のないスチール製円形チューブ1本でできていること」などと規定されている。そして、内側は中空。ようするに、軽量化のためにパイプのようになっている。ところが、先端は凸型だ。だから1号機では、凸型の部品をつくって、パイプ型の部品に溶接していた。

ところが、2号機では、これを一体ものでつくる必要があった。レギュレーション上、一体成型でなければいけないと指摘されていたからだ。ボブスレーは、重さだけでなく、部品の形状やつくり方なども細かく決められている。その一方で、「この部品で空力性能を高めてはいけない」などと書き方がざっくりしているのだ。

私たちは1号機のアクスルをつくるときに溶接をしたが、その後、鈴木寛選手をサポートするために向かったレークプラシッドで、以前レギュレーションの審査員をしていたアメリカ人から「この部品は溶接してはいけないはずだが？」という指摘を受け、一体でつくると決めていたのだ（ちなみに、できあがったあとで、現役の審査員に確認してもらったところ、「溶接でもＯＫ」という結論に至った）。

この部品は、ボブスレーの「滑り心地」に大きな影響を与える。この部品がただ硬ければボブスレーががたついてしまうが、かといって強い力がかかるからもろくてもいけない。強度があって、かつ、しなやかにたわむ部品であってほしい。しかも、軽量化を考えているわけだから、極力、軽くつくりたい。

「硬くも曲がる」「強くても軽い」――。ともに矛盾するが、われわれはその実現をめざした。

これをどうつくるのか。実は、さまざまな企業が部品のリレーを行ったのだ。

まず、1号機では買ってきた素材をそのまま使っていたが、2号機では独自に鍛造《たんぞう》した鉄を使うことにした。鍛造とは、金属をハンマーでたたく加工法だ。日本刀をつくる刀匠が、熱した鉄を何度もたたくのも鍛造だ。金属の結晶を微細化し、方向をそろえ、強度を高める。

実際の作業は、フォークリフトのツメの部分など、非常に硬いものをつくることが得意な「同和鍛造」が担当してくれた。ボブスレーの「アクスル」にも、これと同じ特殊鋼を使おうというのだ。

「同和鍛造」では、四角い部品をほぼ円形に近くなるまで鍛造したうえで荒削りし、またたたいて仕上げてくれた。

次に、「藤原製作所」がガンドリルマシン（深穴加工機）で芯をくり抜いて中空にした。そうしてパイプ状になったものが、今度は「東蒲機器製作所」に渡り、外径寸法の精度を上げるための旋盤加工が行われた。さらには、そこからもさまざまな企業が参加し、焼き入れ、さび止め、塗装などを行った。

結局、7社が10工程を実施して、ようやくひとつの部品が完成したのだ。

こうして言葉にすると簡単に思えるかもしれないが、多数の企業が目的を共有し、それぞれの技術の枠を出しあい、同じ部品を何度も運んで、最終製品に仕上げる。それは、大田区が多彩で高度な技術を持った職人がいる町工場の集積地であったからこそできたことだ。

そのほかにも、部品ひとつひとつに物語があった。

たとえば、ランナーキャリアの軸受けも難しい部品のひとつだった。滑走中、ランナーは動き、強い力がかかる。その力を受ける部品は、形状が非常に複雑で、はっきり言えば、誰もやりたがらないシロモノだった。

だが、旋盤加工・ワイヤーカットなどが得意な「大野精機」の大野和明さんが、一肌脱いでつくってくださることになった。

大野さんは、家族で金属加工工場を営んでいる。決して、時間があるわけではないだろうし、本当であれば、自社の技術力を世に伝え、入ってくる仕事を次々にこなし、売り上げを伸ばしたいところだろう。しかし、彼は二言目には「選手にいいソリを届けたいじゃないですか!」と言い、下町ボブスレーのホームページの更新なども積極的に行ってくれた。

そしていまや、下町ボブスレーには大野さんのような存在が数多くいた。

ブレーキなどをつくってくれた「カシワミルボーラ」の柏良光さんは、3次元的な難易度の高い加工を率先して担当してくれた。しかも、自ら手掛けるだけでなく、図面から加工プログラムをつくる過程などを他社にまで教えるほどの奮闘ぶりだった。ちなみに、1号機初試走のときのオンボード映像(選手目線を体感できる走行中の映像)の撮影は、自転車好きの柏さんが走行中の様子を撮影できる小型カメラを持っていたことで実現した。

先ほど紹介した楕円錐形の棒を使ったフレームの製作では「ハーベストジャパン」の國廣愛彦さんが活躍した。実は、その複雑な形状から、すぐには製作方法がわからず難航したのだが、ある出来事がきっかけになって、その製作が一気に進むことになったのだ。「東レ・カーボンマジック」奥副社長が、「大田区でつくれないなら、私がどこか、つくれるところを探しますよ」と愛情のこもった活を入れてくださったらしいのだ。そして、これに奮起したのが、國廣さんだった。「いや、それはマズい！　すぐにつくるぞ！　絶対につくるぞ！」と立ち上がって、プレスを利用して簡易的な金型をつくるなどし、さまざまな難題を解決しながら、複雑な形状を仕上げてしまった。

さらには、ランナーの製作にもあたっても紆余曲折があったのだが、その話については〈コラム4〉で詳しく書かれているので、そちらをお読みいただきたい。

ようするに、そのようにして、たくさんの仲間の力が結集されて2号機・3号機の製作は進んでいったのだ。「入口は広く、出口も広く」とお話しした通り、下町ボブスレーには多くの仲間が加わってくれ、好きで集まってくれている人がそれぞれに活躍を始めていた。

そして、目標は高く。われわれの共通認識は「フェラーリやＢＭＷを超えるものをつくってこそ、選手に喜んでもらえる」だった。

［夏目幸明のコラム8］

「下町ボブスレーはみんなの夢を乗せて走っている」

栗山浩司（元・リュージュ日本代表選手）

下町ボブスレーのプロジェクトメンバーがドイツ製のランナーを入手できたり、2013年2月にソチで行われたワールドカップを視察できたりしたのは、栗山浩司氏の力があったからだ。

栗山氏は、1980年のレークプラシッド冬季オリンピックに出場したリュージュの元選手だ。リュージュは、進行方向に足を伸ばした仰向け状態でソリに乗って速さを競うスポーツだ。1人乗りと2人乗りがある。ソリのつくりは極めてシンプルで、ボブスレーのような選手の体を覆うカウルがない。

栗山氏は現在、国際リュージュ連盟でアジア地区担当コーディネーターを務め、長野で毎年開催されるアジア地区の選手を対象にしたトレーニングキャンプの際の選手への指導を行っている。また、オリンピックの際には、リュージュをはじめボブスレー、スケルトン（進行方向に頭を向けたうつ伏せ状態でソリに乗って速さを競うスポーツ）のテレビの解説者も務めている。

栗山氏が下町ボブスレープロジェクトにかかわるようになったのは、元・ボブスレー日本代表選手の脇田寿雄氏と同じく、当時は童夢カーボンマジックの社長だった奥明栄氏からの誘いがあったからだ。奥氏から連絡を受け「奥さんがやるなら私も、できる限りの協力をさせていただきます」とすぐに引き受けたという。

栗山氏は、ドイツ在住経験が長い。3年ほど、日本オリンピック委員会（JOC）から派遣され、ドイツでソリの勉強をしていた時期があった。さらに、ドイツのオリンピック委員会で仕事をしていたこともあり、ドイツのソリチーム（リュージュ、ボブスレー、スケルトン）が日本へ遠征を行う際のコーディネートもしている（現在のところ、アジアでそれらのソリ競技が開催されるのは日本の長野でだけ）。だから、ドイツのボブスレーチームの監督・コーチと近しい関係にあった。

「『ドイツのランナーが手に入らないか』という相談を受けとき、ちょっと考えました。やっぱり、普通は出さないものですからね。

でも、お願いをしてみたら、『コージがそう言うなら出すよ』との答えが返ってきたんです。『日本のチームにでなく、私に出してくれた』という形です。

きっと、ドイツチームは私が得たランナーがどこへ渡って、どう使われるか、知らないでしょうね」

そんな〝普通は出さないもの〟を日本のチームに渡して問題はないのだろうか？

「いえ、とくにないですよ。私に渡したものを分析しようが、それをもとに削り出そうが、ドイツチームの監督は無関心だと思います。私もまた、その先にはかかわっていません。細貝さんにお渡ししただけです」

意外と無頓着なのには、理由もあるようだった。

「ランナーが本当に滑るかどうかは微妙なんです。

たとえば、相性がある。ドイツのボブスレーで滑ったときと、下町ボブスレーで滑ったとき、ランナーの形状はどれが最適かはわかりません。ドイツチームにとっても、何本か持っているランナーのうちの1本なんです。

そして、ランナーの技術は、まだ100パーセントの科学的根拠を持つに至っていません。ある程度の経験則の中から形状をつくってはいるはずです。そしていまも、『ボブスレーやコースの条件と合えば速い』というところなんですよ」

ソチオリンピックが開催される会場にて。左から栗山浩司氏（元・リュージュ日本代表選手）、細貝淳一氏、奥明栄氏（東レ・カーボンマジック）、鈴木信幸氏（マテリアル）（提供：下町ボブスレープロジェクト）

ようするに、日本チームにランナー1本を渡しても、ドイツのレベルに達するまでにはまだまだ時間がかかる、という認識なのだ。

ソチでのワールドカップ視察も同様だった。

「IDカード（パス）がなければ、ただの観客になってしまい、当然、ソリがあって、選手がいるエリアには入れません。だから、国際連盟を経由して、舟久保さん（下町ボブスレーのメンバーで、昭和製作所社長の舟久保利和氏）と細貝さんたちにIDカードを発行してもらったんです。ちなみに、見た目はやっぱり観光客そのものでしたよ（笑）。

エリアに入って、彼らがどのように動い

たかは私にはわかりませんでした。私はいろんな場所を移動して、ソチの解説をするための資料などをつくっていましたから」

「ドイツチームは、日本のチームがすぐライバルになる、といった警戒心は抱いていません。もし日本でなく、ドイツと並ぶ強豪のアメリカチームが相手なら、ランナーを出すことは絶対になかったでしょうね」

では、日本とドイツの間には、どれほどの差があるのだろうか？

「先日、ドイツの子供たちのサポートをしてきました。日本なら小学校3〜4年生にあたる子供たちが、リュージュの授業を受けるんです。それを、地域の連盟がサポートしていて、そのお手伝いに行ったのです。

ヨーロッパアルプスには、ソリの文化があります。山麓《さんろく》の家々には必ずと言っていいほど1台は木製のソリがあって、野山を滑った経験がリュージュやボブスレーなどの競技につながっているのです。

競技人口も多く、リュージュを経験した中から、スタートのスプリント力に優れた選手がボブスレーの選手になります。15歳以上になると、国際ボブスレー連盟のライセンスの発給対象となるんです。そして、戦績がいいスター選手がいるし、スター選手にあこがれる子供も多い。オリンピックの選手を頂点とする三角形があるとするならば、その底辺が非常に分厚いんです」

ボブスレーという文化自体の歴史と、そこから生まれるマンパワーが格段に違うのだ。ブラジルのサッカーが強いのも、アメリカのベースボールが強いのも、同じ理由だろう。

「だから、ヨーロッパの強豪に並ぼうと思ったら、時間はかかると思います。非常に速いボブスレーができれば結果が出せる、ということでもないんです。下町ボブスレーを見守る人にも、長い目で見続けてほしいですね」

頂点を目指すなら、どのような対策が必要だろうか？

「優秀な選手が生まれる制度を確立することでしょうね。

リュージュは、ボブスレーなどと違い、1000分の1秒まで計測して結果を出します。滑走に関し、非常に繊細な技術を求められるのです。だから、リュージュの技術はボブスレーで必ず生きます。ドイツの歴代男女のボブスレーのチャンピオンの中にも、リュージュ経験者がたくさんいます。

あと、ドイツを例に出せば、ブレーカーの選抜がたびたび行われています。ブンデストレーナーという、日本語で言えば国家コーチと呼ばれる方たちがいて、陸上競技の団体と横のつながりを持って、情報交換をしているんです。

陸上の、スプリント、投てき競技の中には、ボブスレーのブレーカーに向いている人がいます。日本はまだ、個人がつてを生かして、選手に『ボブスレーやってみない？』と声をかけている状況です。日本ではボブスレーがあまりメジャーではないので、なかなか関係をつくることが難しいのかもしれませんね」

だからこそ、栗山氏は「下町ボブスレーに期待をしています」と話す。

「もし今回のソチで下町ボブスレーがなかったら、きっと、いまより目立たない形で競技を終えたと思うんですよ。それを思ったら、私にできることならしたい、と思いますよね。すごい反響なわけですから。

下町ボブスレーはみんなの夢を乗せて走っていますよ」

第7章

ソチオリンピックの先には、平昌オリンピックがある！

下町ボブスレー2号機、完成！

２０１３年10月8日もまた、われわれにとって記念すべき日となった。日本ボブスレー・リュージュ・スケルトン連盟、大田区産業振興協会、下町ボブスレーネットワークプロジェクト推進委員会の共催で、「下町ボブスレー2号機完成　ボブスレー日本代表候補選手発表の共同記者会見」を行ったのだ。

記者会見では、最初に、日本ボブスレー連盟や大田区産業振興協会の方たちと一緒に、開会のあいさつを行った。私には、応援団代表として駆けつけてくださった、松原忠義大田区長の言葉が印象に残っている。

「中小企業にとって後継者育成が課題となっているが、今回のプロジェクトは30代、40代の若い世代が中心」「日本のモノづくりが世代交代していく大きな足がかりをつくっていただいている象徴的なもの」との言葉をいただいた。

そして、ついに、黒い布で覆われ、隠してあった下町ボブスレー2号機が姿を見せる瞬

2013年10月に行われた共同記者会見でのインタビュー（提供：下町ボブスレープロジェクト）

間がやってきた。除幕式だ。

ボブスレー日本代表候補選手と私が持った布を一気に引き、真新しい2号機が姿を現した。その瞬間、まるで嵐のようにフラッシュがたかれた。

2号機は、全長3メートル。1号機に比べ24センチ短い。重さは135キロ、1号機に比べると、50キロ軽い。重心を低くし、重さのバランスも機体の中央に寄せることで滑走中の安定感を高められるよう工夫がしてあった。次のページの写真のようにカウルの表面には、きれいにステッカーが貼られていた。

ついに、2号機が誕生したのだ。

同時に、「デサント」から提供されたボブスレーナショナルチーム競技用新ウェアも発表された。「パワーライン」という反発力の強い素材を使用していて、効果的な走りができる。「11月11日から開催されるノースアメリカンカップ・カルガリー大会から着用される」と発表された。

そのウェアを着た黒岩俊喜選手は「オリンピックに出て、いい成績を残したい」と、短いけれど気合が入ったコメントを述べられた。

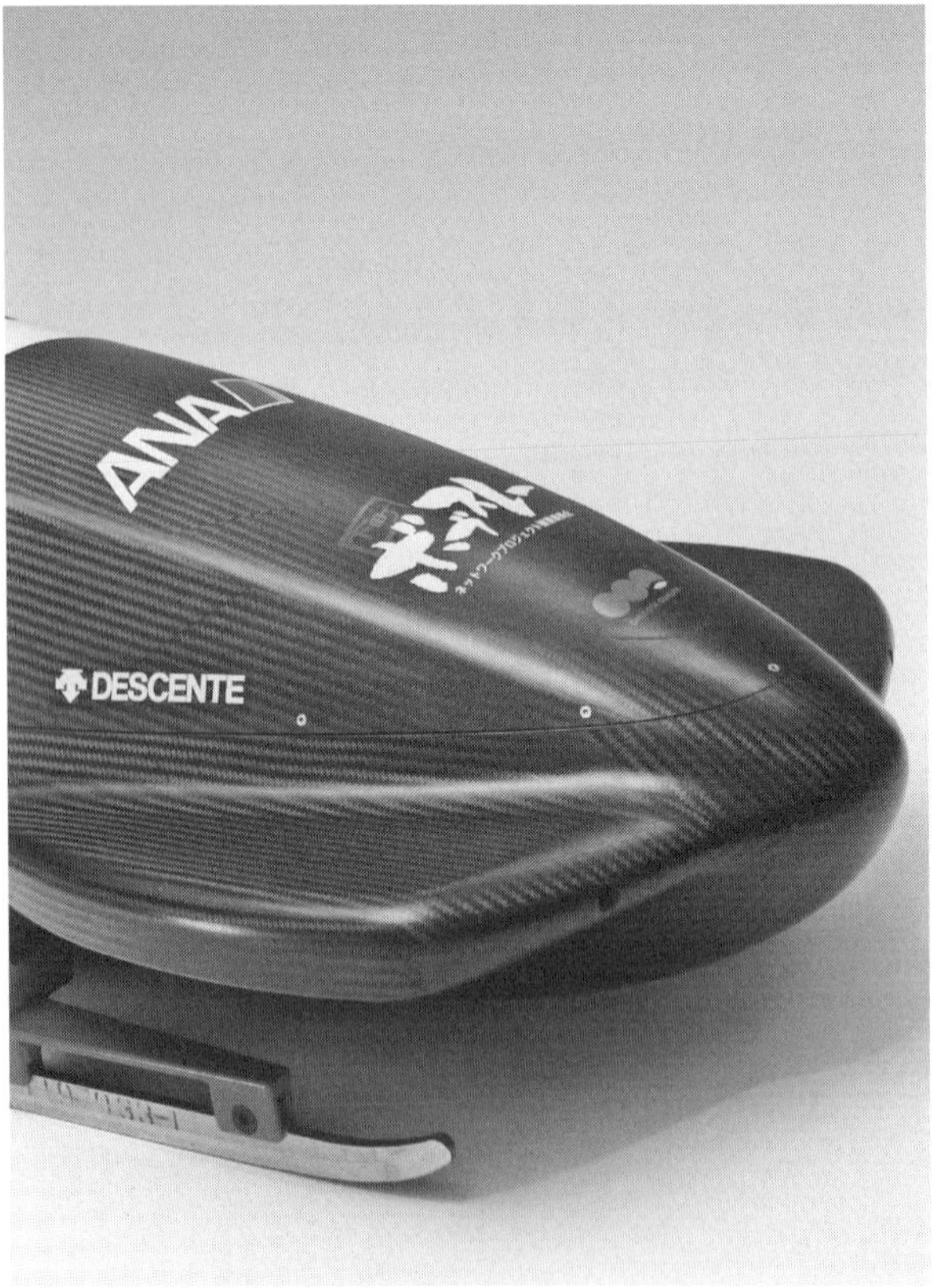

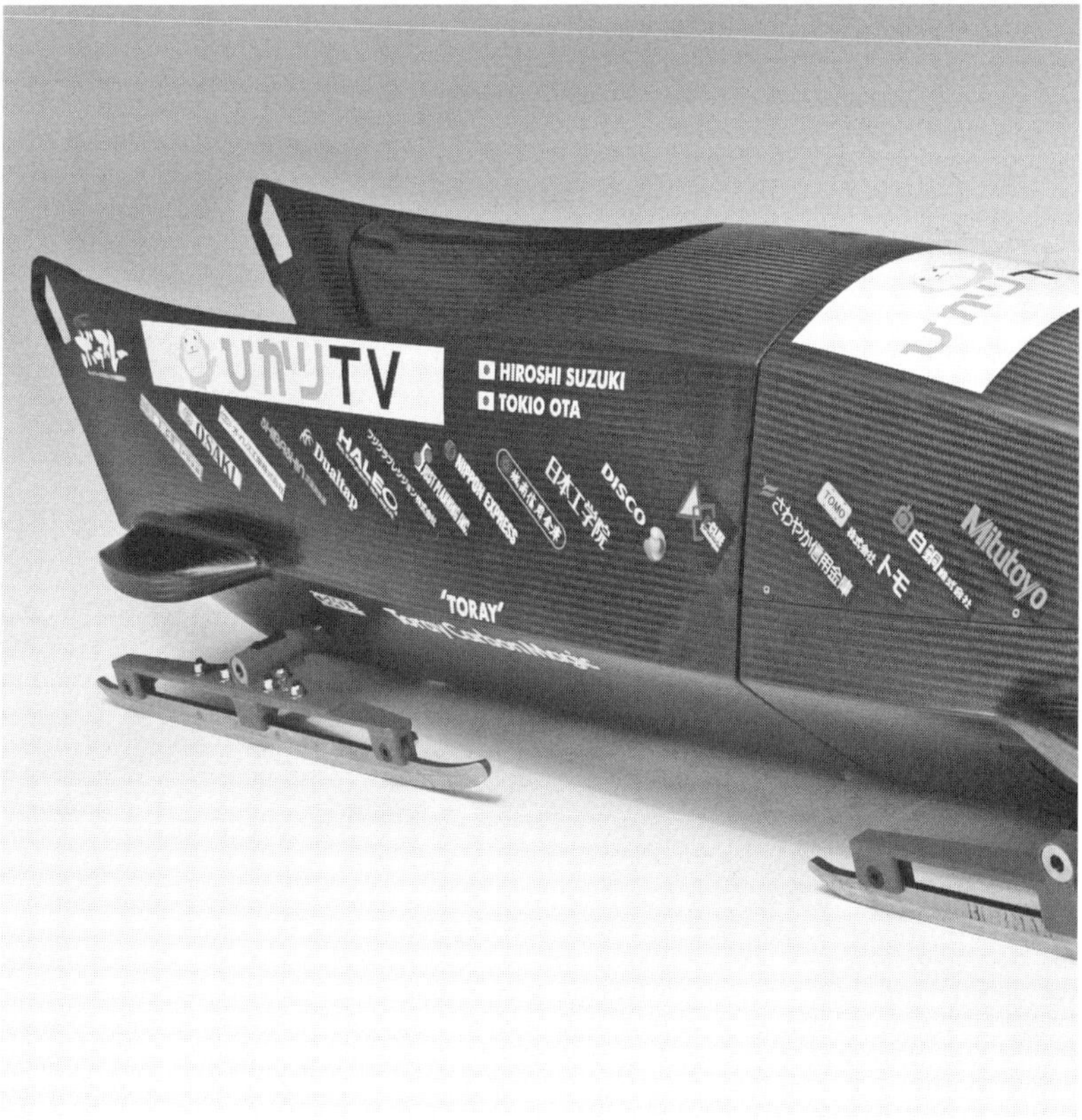

完成した下町ボブスレー２号機。スポンサーやサポーターである「ひかりＴＶ」「ANA」「DESCENTE」「Mitutoyo」「白銅株式会社」「株式会社トモ」「さわやか信用金庫」「D-CLUE Technologies」「DISCO」「日本工学院」「城南信用金庫」「NIPPON EXPRESS」「JUST PLANNING INC.」「フジクラプレンジョン株式会社」「HALEO」「Dualtap」「芝信用金庫」「オイレス工業株式会社」「OSAKI」「東京土建」「TORAY」のほか、協力企業の「Toray Carbon Magic」「CRADLE」のステッカーが貼られている（提供：下町ボブスレープロジェクト）

そして、10月下旬からの海外遠征には下町ボブスレー2号機で臨むはずだった。実際に滑走することによって見つかった改善点は、日本で待機する下町ボブスレープロジェクトのメンバーにすぐに伝えられ、3号機の改良に生かされる想定をしていた。そうすれば、無事にソチオリンピック出場枠を獲得できた場合に、2号機よりもグレードアップした3号機でオリンピックに出場していただけると考えたのだ。

しかし、われわれにとって、10月8日の共同記者会見以降の展開はまったく予想していないものだった。

数多くの報道によってすでにご存じの方も多いはずだが、下町ボブスレーはソチオリンピックへの出場を断念せざるを得なくなったのだ。

暗雲が立ち込め始めたのは、下町ボブスレー2号機が最初の海外遠征先となるカナダのカルガリーに着き、試走を行いはじめた10月29日以降のことだった。

カルガリーで2号機を至急改修せよ!

ボブスレー日本代表チームの第1陣と、エンジニアとして選手たちに同行する「マテリアル」の鈴木さんがカルガリーに向かったのは、10月27日。

その日、成田空港では、下町ボブスレーの有志が参加して、選手たちを見送るちょっとしたイベントが開催された。下町ボブスレープロジェクトから日本ボブスレー連盟のサポーターズクラブへ、300万円の活動資金の贈呈式が行われたのだ。それは、代表選手が1人あたり50万円の海外遠征費用を自己負担しなくてならないという話を聞き、われわれが集めた支援の中から捻出したものだった。そのほか、CFRP製で軽いレース用のヘルメット6個も提供させていただいた。

同時期、下町ボブスレー2号機も、スポンサーである「ANA」と「日本通運」の協力により、カナダ・カルガリーへと運搬されていた。2号機は、各種ケースの製造・販売を行う大田区の企業「NTU」から購入したジュラルミン製のコンテナに入れられていた。

実を言うと、この時点まで「意外と、いい線を行っているんじゃないか」と思っていた。

いま思えば、10月8日の共同記者会見の前日、日本代表監督の石井さんや選手たちを大田区の「マテリアル」にお招きして行われた下町ボブスレー2号機のお披露目会のときのことが悔やまれる。あのときに、監督や選手たちの本音をもっと聞き出しておくべきだったと思うのだ。

その日、監督と選手たちからはとくに目立った要望はなく、2号機のお披露目は静かな雰囲気の中で終わった。その反応をわれわれはよいほうに解釈したのだが、監督や選手たちにしてみればなにも言いたいことがなかったのではなく、単に言いにくかったということなのかもしれない。

われわれは、選手たちの要望に耳を傾け、技術の粋をこめて、ボブスレーをつくってきたつもりだった。試走タイムは悪くないように思えた。2号機が滑走したときのカルガリーのコースでは、8コーナー先が悪路だったが、ここではタイムが伸びていたのだ。そのタイムを見た元・ボブスレー日本代表の脇田さんは「1回の滑走だけで判断することはできないが、下町ボブスレーが遅いということでは決してない」とのコメントを寄せてくださった。

しかし、実際にカルガリーで下町ボブスレー2号機に乗った選手たちからは、「フレームの幅が狭い」「足が部品にあたる」などといった要望が寄せられることになったのだ。

カルガリーにいた鈴木さんは、選手の要望を聞き、現地でできる限りの改修作業を行おうと努力してくれた。

日本にいるわれわれに初めて連絡があったのは、11月3日の午前8時ごろ。次のようなメールが下町ボブスレーの仲間全員が読めるメールアドレス宛に送られてきたのだ。

「緊急を要します。大至急2号機を改修工事を行うことになったので、それに必要な工具や材料をカナダのカルガリーへ送ってくれませんか」

フレームの幅を広げたりするとなると、相応の工具が必要だった。しかも、精密な作業ができる工具が必要だった。しかし、アメリカやカナダでは「インチ」が使われる。その点が障害となった。使い慣れた「センチメートル」や「ミリメートル」で測ることができる工具が見つからなかったのだ。

日本へのメールを送る前に、鈴木さんは「探し回ればあるはず」と思い、雪まみれになりながら異国のホームセンターをまわりにまわったという。英語が得意でない鈴木さんが、絵を描き、身振り手振りでほしい工具の形を伝えながら探しまわったのだ。

その間ずっと「これを改修しきらなければ下町ボブスレーは終わり」と思い、と同時に「選手たちから認められるためには、どんな手段でも!」と決意をしていたという。

私は一言「全力でそろえます」と返信をした。

日曜日だったにもかかわらず、下町ボブスレーの仲間たちは即座に空き時間やいまいる場所を連絡し合った。すごい勢いで、メールやSNSを使ってメッセージが飛び交った。

思えば、町工場の仕事は、こういった土壇場・瀬戸際が多い。たとえば、「部品が壊れ、生産できないから、今日の夕方には部品がほしい」というお電話をお昼にいただいたりする。だから、多くの工場には、材料が結構な量でストックしてあり、緊急の注文に対応できるようになっている。だから、動きは速い。

しかし、すべてをすぐにそろえるのは簡単ではなかった。発送方法を検討する必要もあった。結局、「本日日本代表の後発組が成田からカルガリーへ出発するので、そこで一緒に持っていっていただければ一番速いかもしれません」という案でいくことになった。

そして、「今、代表チームの山本強化部長に電話しました。14時に成田チェックインだそうです」との情報が入り、「カルガリーへ工具緊急発送の件、情報を集約します。本日14時までに成田空港へ持ち込んで、代表候補選手後発組に預けられればベスト。間に合わなければ、そろい次第、蒲田郵便局から国際スピード郵便EMSで発送します」となった。

成田空港へは下町ボブスレーネットワークプロジェクト推進委員会の副委員長である「昭和製作所」の舟久保利和さんが行ってくれることに決まった。調達リストをもとに、「東蒲機器製作所」の高橋俊樹さんや「カシワミルボーラー」の柏さんたちが、会社にあるものを探してきたり、ホームセンターで買い出ししたりして、続々と「マテリアル」に持ってきてくれた。

舟久保さんは必要な工具と素材の到着をギリギリまで待ち、成田空港へ車で向かった。

その間に、ボブスレー日本代表の強化部長である山本忠宏さんが機内への刃物の持ち込み許可を得てくれていた。

そうして、カルガリー行きの工具と素材はなんとか山本さんの手に託されたのだった。

カルガリーにいる鈴木さんからは、こんなメッセージが返ってきていた。

「皆様、本当にありがとうございます。プロジェクトの力を実感いたしました。物がそろえばあとは任せてください。精一杯異国の地でがんばります」

2号機がレギュレーション違反に

しかし結果的には、カウルの形状がレギュレーションに違反をしていると指摘されたことが決定的だった。滑ることができないソリをいつまでも海外に置いておいても仕方がない。だから、日本で下町ボブスレー2号機の改修作業を行うことになったのだ。

ボブスレー日本代表チームは、ラトビア製のボブスレーに乗って海外遠征を転戦し、オリンピックに必要なポイントを獲得していくことになった。ソチオリンピックへの出場資格は、今シーズン（2013－2014シーズン）の国際大会で獲得したポイントが多い上位30チーム程度に与えられるというルールだった。

いまとなっては言い訳にしかならないが、英語で書かれたレギュレーションをどのように解釈するかは、下町ボブスレープロジェクトをはじめて以来、ずっと頭を悩ませ続けていた難題だった。

ボブスレーのレギュレーションには、「unusual（普通でない、異様な）な素材を使ってはいけない」といった表現が出てくる。しかし、どこまでが「usual（普通）」で、どこからが「unusual（普通でない）」なのかは書かれていない。解釈次第なのだ。

ほかにも、「vortex generator（空気の乱れた流れをつくる翼＝走行安定性を高めるためにつけられる）の作用をする、unusual（普通でない）な形状のものを付加することは許されない」「aerodynamic effect（空力効果）を改良するような穴を付加することは許されていない」などといった表現もある。

つまり、レギュレーションというのは、解釈がきっちり決まっているものではなく、判断する人によって適正か、適正でないか異なる場合があるのだ。

たとえば、第6章で紹介したアクスルのレギュレーションも、解釈に幅があることがカルガリーに行ってから判明した。元審査員に「溶接ではいけない」と聞いていたのだが、逆に、カルガリーで現役の審査員に確認したら「つながっていればいい」という回答だったのだ。

レギュレーション違反とされたカウルの形状についても、レギュレーションによって細かく規定されていたわけではないが、マテリアルチェックでは不可とされてしまった。ボブスレー先端（フロントノーズ）は、「∧」型でなければならず、「凸」型であってはならないというのだ。また、カウルの後方に左右に飛び出る形でついているリアバンパーの形状についても、レギュレーションを再度確認するように指導された。

そのようなレギュレーションのわかりにくさへの対応は、経験を積むことで解決していくしかないのだろう。なにせ、日本国内にはボブスレーをつくって国際舞台で活躍させた経験のある人物がいないのだ。レギュレーションにもとづく技術の蓄積には、まだ海外勢に一日の長があるということをわれわれは認めざるを得ないのかもしれない。

2018年の平昌オリンピックをめざします！

ただし、下町ボブスレー2号機が日本に送り戻されても、われわれはソチオリンピックへの挑戦をあきらめたわけではなかった。

カルガリーに行っていた「マテリアル」の鈴木さんが11月17日に帰国するとすぐに、われわれは2号機の改修作業にとりかかった。

レギュレーション違反と指摘された2点に、パイロットバー（スタート時にパイロットが押す取っ手）の高さやパイロット着座位置などといった監督・選手からの要望を合わせると、改修すべきところは、全部で27項目だった。

そのうち、「ブレーキをかけたときに、ブレーキ口から雪が大量に入ってくるのを何とかしてほしい」などといった要望には、鈴木さんがカルガリーですでに対応済みだった。そのほかの要望にも、空力性能の他国のボブスレーとの比較・検証という課題以外にはすぐに対応できそうだった。

この時点では、われわれはまだ望みを捨てていなかった。改修作業を急ぎ、12月22日から長野で行われる全日本選手権で脇田さんらに乗っていただき、下町ボブスレーの実力を証明する計画を立てた。

11月7日にはマスコミ各社によって「下町ボブスレー、デビュー先送り　2号機、国内で改修へ」などという記事がすでに配信されていた。中には、「下町ボブスレー、ソチ困難に」という記事もあった。

私はすぐに、日本ボブスレー連盟会長の北野さんに連絡を取った。われわれの方針を説明させていただくためだ。たくさんの支援してくださっている方々に対しても、事情を説明させていただいた。

万全を尽くしたつもりだった。しかし、現実は私が想像していたものよりもはるかに厳しいものだった。

日本ボブスレー連盟の方から正式な不採用の通知をいただいたのは、11月26日。前日には無料でインターネット通話ができるスカイプで海外にいる石井監督と話をさせていただいていたのだが、「オリンピック出場資格獲得のため競技日程が過密であり、テスト滑走を実施する場合の日程が限られるため、今シーズンの競技大会での使用を断念する」という内容だった。

確かに、これ以上、選手たちに無理なお願いをするわけにはいかなかった。脇田さんも言っていた通り、ボブスレー選手は1日4本も乗れば疲労困憊《ひろうこんぱい》する。そのため、下町ボブスレーのテストをしていたら、実戦で力が出せなくなる恐れもあった。

下町ボブスレーがソチオリンピックで滑走できないのは残念ではある。しかし、われわれにはその先の平昌オリンピックもある。われわらは必ずや速いボブスレーをつくりあげてみせる。そして、必ずや国際舞台で活躍してみせる。下町ボブスレーの活躍を通して、大田区の中小企業の力を証明したい。

カルガリーに行っていた鈴木さんから、日本に戻る直前にあった素敵な出来事を教えてもらった。

11月17日、今シーズン初滑走となる実戦を見届けた鈴木さんのもとに、滑走を終えたばかりの鈴木選手が歩み寄り、握手を求めてきてくださったと言うのだ。「期待しています」という、そんな握手だったという。

日本ボブスレー連盟とボブスレー日本代表チームの皆さんは、記録が求められる厳しい状況下で、押しかけ女房だったわれわれを本当にギリギリまで支援してくださったのだ。心より感謝を申し上げたい。ありがとうございます！

鈴木選手をはじめ日本代表選手の皆さんには、なんとしても、ソチオリンピックに出ていただきたい。われわれは、これからもずっと日本のボブスレーを応援し続けていきます。

そして、われわれは、２０１８年の平昌オリンピックをめざします！　これからも、ぜひ応援してください。よろしくお願いいたします!!

エピローグ

チームの力が認められた！

オリンピック出場という目標をまだ実現していない状況下でお話しするのはちょっと恐縮なのだが、最後にうれしかった出来事を紹介させていただきたい。

２０１３年11月21日の出来事だ。

今年、もっとも顕著な業績を残したチームを表彰する「ベストチーム・オブ・ザ・イヤー２０１３」にノミネートされ、優秀賞を受賞したのだ。

ちなみに、最優秀賞は「２０２０年東京オリンピック・パラリンピック招致チーム」。結果を出したチームの言葉には重みがあった。

まさにチームの仲間たちと下町ボブスレーを盛り上げてきた私にとって、この賞はなによりもうれしいものだった。

下町ボブスレーチームを代表して授賞式に参加した全員が、とてもいい顔をしていた。

たとえば、プラスチックを扱う「ケイディケイ」の佐藤武志さんは、記者の取材に対し、

「こういう賞は、私の人生に関係ないことだと思ってたんだけどねぇ」と喜びを語っていた。彼は選手が握るハンドルなどを加工してくれ、ボブスレーを運ぶときのクッション材などもつくってくれた。

「カシワミルボーラ」の柏さんは、「私たちの和気あいあいが評価されたならうれしい」と答えていた。その向こうでは、どういうわけか〝下町のプリンス〟とも呼ばれている「ムソー工業」の尾針さんが美しい女性レポーターからインタビューされている。私が「王子ー、鼻の下、伸びてるよー」と言うと、彼は王子らしい微笑みを返してきた。

私にとって、「人とのつながり」ほど大切なものはない。多くの方々に支えられて、私の人生は少しずつよくなってきた。人との出会いが、人を成長させるのだ。

「ベストチーム・オブ・ザ・イヤー2013 優秀賞」。これはまさに全員で獲得した賞だった。

われわれはこの仲間たちとともに、これからも前に進んでいきます。

「ベストチーム・オブ・ザ・イヤー 2013　優秀賞」の授賞式（提供：ベストチーム・オブ・ザ・イヤー実行委員会）

［編集後記］

「下町ボブスレープロジェクトのこれからに期待したい」

夏目幸明（経済ジャーナリスト）

1年以上にわたって下町ボブスレープロジェクトを取材してきて、忘れられない細貝淳一氏の言葉がある。ソチオリンピックへの出場をめざした下町ボブスレーの先行きに暗雲が立ち込めはじめてからのセリフだ。

「リーダーは、いつも前を向いて、笑顔でいなくてはいけない」

結果的に、下町ボブスレーはソチオリンピックに出場できなくなった。しかし、ソチの次には、2018年に韓国で平昌オリンピックがある。そう、オリンピックがなくなったわけではない。めざす限り、オリンピックは逃げやしない。

４年に一度のオリンピック。直近だと２０１４年のソチだが、考えてみれば、その４年前の２０１０年にはまだ下町ボブスレープロジェクトは誕生すらしていなかったのだ。そのことを思えば、いきなりソチオリンピックで下町ボブスレーを走らせようというのは、あまりにも虫のよすぎる話だったのかもしれない。

もちろん、下町ボブスレープロジェクトに加わった誰一人として、その可能性を疑う者はいなかったのだが、現実はそう甘いものではなかった。

確かに残念ではある。しかし、プロジェクトが終わったわけではない。ソチの結果によって、下町ボブスレープロジェクトが進んできた歩みが否定されたわけではない。私たちの目の前には、大田区の町工場の方たちがつくったボブスレーが間違いなく存在するのだ。

逆に言えば、２年ほどの間にまったくのゼロから、よくも３台ものボブスレーをつくったものだと思う。この間に下町ボブスレープロジェクトの方たちが経験したことは、大田区にとって、いや日本にとってかけがいのない有形・無形の財産になるはずだ。

フラワーアーティストの川崎景太氏は「下町ボブスレーが通ったあとには、人の夢という名の花が咲く」と言った。元・リュージュ日本代表選手の栗山浩司さんは「下町ボブスレーはみんなの夢を乗せて走っている」と言った。

そう、下町ボブスレーは単なるモノではない。下町ボブスレーには、応援してくれる方々

のたくさんの思いが詰まっている。

たまたま、小杉氏がサッカー選手であるカズのゴールを見たことをきっかけに動きはじめた「下町ボブスレー」。目前でソチオリンピック出場がかなわなくなったさまは、まるでサッカーの日本代表があと一歩というところで1994年のワールドカップ出場を逃した「ドーハの悲劇」のようだ。サッカーのワールドカップ出場はドーハの悲劇を機により多くの人がその実現を願う「宿願」とでも言うべきものに変化したが、下町ボブスレーのオリンピック出場も苦難を経て「宿願」になってこそかなうものなのかもしれない。

ソチオリンピックでは、ボブスレーの強豪国の実力をしっかりと目に焼きつけようではないか。幸いなことに、下町ボブスレープロジェクトには心強い仲間たちがたくさんいる。

下町ボブスレープロジェクトのこれからに期待したい。

■大田ブランド「下町ボブスレー」ネットワークプロジェクト推進委員会

委員長・ブレード・フレーム専門部会長　：　細貝淳一（株）マテリアル）

副委員長・ボディ設計専門部会　：　奥明栄（東レ・カーボンマジック㈱）

副委員長・会計　：　舟久保利和㈱昭和製作所）

広報PR専門部会長　：　横田信一郎㈱ナイトペイジャー）

ブレード・フレーム専門部会委員　：　坂田玲璽㈱上島熱処理工業所）

ボディ設計専門部委員　：　吉川淳一郎㈱ソフトウェアクレイドル）

プロジェクト管理専門部会長　：　井上久仁浩㈱IRO）

アスリートサポート専門部会長　：　今矢賢一（ブルータグ㈱）

監事　：　白石正治（ホワイト・テクニカ）

協力　：　加藤孝久（東京大学工学系研究科教授）

脇田寿雄（元ボブスレーパイロット〈4大会連続五輪代表〉）

仙台大学ボブスレー・リュージュ・スケルトン部

■協力企業・団体

㈱ＩＲＯ
㈲アストップ
㈱荒井スプリング工業所
㈱イグアス
㈱石塚製作所
㈱いづみ商事
㈲イデ
㈲伊藤工業製作所
㈲いわき精機製作所
㈱ウイル
㈲ウェディア
㈱上田製作所
㈲梅津精機製作所
栄商金属㈱
㈱エース
ＮＴＵ㈱
ＮＰＯクリエーター支援機構
ＭＪＳ
オイレス工業㈱
大木発條製作所
大肯精密㈱
(一社)大田観光協会
オータ工業㈱
大田ブランド推進協議会
㈲大利根精機
㈲大野精機

㈱オープラス・メディア
㈲尾熊シャーリング
小野商鋼㈱
㈲カシワミルボーラ
㈱加藤研磨製作所
㈱上島熱処理工業所
㈲岸本工業
㈱協福製作所
㈱クライム・ワークス
ケィディケィ㈱
㈲ケーエム商会
河野製作所
㈲五城熔接工業所
小林溶接
㈲光信機工
サイクルハウスコミヤマ
㈱酒井ステンレス
さみづ放電加工
㈱三信精機
三力工業㈱
㈱三陽機械製作所
シナノ産業㈱
㈱昭和製作所
進栄製作所
㈲信成発條製作所
㈲清和精密工業
㈲関鉄工所

㈱ソフトウェアクレイドル
醍醐倉庫㈱
㈱ダイニチ
大明工業㈱
大和鋼機㈱
㈲太陽精器製作所
㈱武田トランク製作所
㈲田中梱包
タマノイ酢㈱
㈱丹野製作所
堤工業㈱
ＴＫＣ東京中央会
デジスパイス㈱
電化皮膜工業㈱
東京大学
㈲東蒲機器製作所
東レ・カーボンマジック㈱
㈱同和鍛造
都南工業給食協同組合
㈱ナイトペイジャー
㈱中島義肢製作所
㈱南武
新妻精機㈱
ニッソウ工業㈲
日本アスペクトコア㈱
㈱ＮｅｘｕｓＡｉｄ
㈱ハーベストジャパン

㈱ハタダ・
㈱馬場
合同会社BANTEC
光写真印刷㈱
㈱平川製作所
㈲平野製作所
㈲富士精機製作所
富士セイラ㈱
㈱藤原製作所
㈱フルハートジャパン
㈱ベータ
ホワイト・テクニカ
マゲテック㈱
㈱松浦製作所
㈱マテリアル
マミフラワーデザインスクール
ムソー工業㈱
睦化工㈱
㈲師岡鈑金製作所
㈱山小電機製作所
山宗㈱
㈱ユカ
㈱ヨシザワ
㈲ラップ
㈱リサイクル・ネットワーク
リタジャパン㈱

■協力者

池田仁
金子信敏
喜多豊
夏目幸明
渡瀬美葉

■2013オフィシャルスポンサー

【メインスポンサー】
ひかりTV

【サブスポンサー】
全日本空輸㈱

【サポーター】
オイレス工業㈱
大肯精密㈱
さわやか信用金庫
㈱ジャストプランニング
城南信用金庫
醍醐ビル㈱
ディー・クルー・テクノロジーズ㈱
㈱デサント
㈱テックウェイ・システムズ
㈱デュアルタップ
㈱トモ
日本通運㈱
日本工学院専門学校
白銅㈱
浜友観光㈱
フジクラプレシジョン㈱
㈱ボディプラスインターナショナル
㈱ミツトヨ

【サブサポーター】
㈱技秀堂
芝信用金庫
㈱トライアックス
㈱ディスコ
東京土建一般労働組合大田支部
日立化成㈱

【素材スポンサー】
東レ㈱

（順不同・敬称略）

細貝淳一（ほそがい・じゅんいち）

下町ボブスレーネットワークプロジェクト推進委員長。株式会社マテリアル代表取締役。1966年、東京大田区生まれ。1992年に26歳でアルミ販売・加工を得意とする株式会社マテリアルを設立し、上場企業30社を含む約500社と取引する企業にまで成長させる。現在の取引先は、防衛機器・衛星機器・OA機器・カメラ機器・測定機器・自動車機器・通信機器・医療機器など多岐にわたる。2003年と2008年に、人や街に優しく、技術や経営にも優れた工場を表彰する「大田区優工場」の認定を受けている。2006年には東京都信用金庫協会より「優良企業特別奨励賞」を、2010年には東京商工会議所より「勇気ある経営大賞　優秀賞」を、2011年には東京都より「中小企業ものづくり人材育成大賞〈奨励賞〉」を受賞している。2012年より、下町ボブスレーネットワークプロジェクト推進委員長を務める。

■下町ボブスレー公式ウェブサイト　http://bobsleigh.jp/

下町ボブスレー
東京・大田区、町工場の挑戦

2013年12月30日　第1刷発行

著　者　細貝淳一
発行者　市川裕一
発行所　朝日新聞出版
〒104-8011
東京都中央区築地5-3-2
電話　03-5541-8814（編集）
　　　03-5540-7793（販売）

印刷所　大日本印刷株式会社

ISBN978-4-02-331253-1
定価はカバーに表示してあります。